Achille Pegoue

Prise en compte d'un plan de sondage pour la précision des estimateurs

AF138600

Achille Pegoue

Prise en compte d'un plan de sondage pour la précision des estimateurs

Le cas des estimateurs des conditions de vie et du profil de pauvreté au Cameroun en 2001 dans ECAM 2

Éditions universitaires européennes

Imprint
Any brand names and product names mentioned in this book are subject to trademark, brand or patent protection and are trademarks or registered trademarks of their respective holders. The use of brand names, product names, common names, trade names, product descriptions etc. even without a particular marking in this work is in no way to be construed to mean that such names may be regarded as unrestricted in respect of trademark and brand protection legislation and could thus be used by anyone.

Cover image: www.ingimage.com

Publisher:
Éditions universitaires européennes
is a trademark of
International Book Market Service Ltd., member of OmniScriptum Publishing Group
17 Meldrum Street, Beau Bassin 71504, Mauritius

Printed at: see last page
ISBN: 978-3-8416-7559-0

PRISE EN COMPTE D'UN PLAN DE SONDAGE COMPLEXE DANS LE CALCUL DE LA PRECISION DES ESTIMATEURS DES INDICATEURS :

LE CAS DES ESTIMATEURS DES CONDITIONS DE VIE ET DU PROFIL DE PAUVRETE AU CAMEROUN EN 2001 DANS LA DEUXIEME ENQUETE CAMEROUNAISE AUPRES DES MENAGES (ECAM II)

par:

Achille PEGOUE

REMERCIEMENTS

Au corps enseignant du Master 2 de statistique de l'Université de Yaoundé I :

Au **Professeur Henri GWET**, pour la patience dont il a fait preuve et les encouragements dont j'ai bénéficiés durant l'année académique, qu'il trouve ici toute ma gratitude ;
Au **Docteur Eugène-Patrice NDONG NGUEMA**, qui demeure un exemple d'acharnement au travail, de rigueur, d'abnégation, d'application et d'efficacité, j'exprime toute mon admiration ;
Aux initiateurs du master 2 de statistiques, à tous les enseignants expatriés et locaux et à tout le personnel d'appui et particulièrement **M MISSE**, pour leur dévotion, je dis merci.

Au personnel de l'Institut National de la Statistique du Cameroun :

Au Directeur Général, **Monsieur Joseph TEDOU**, pour les nombreuses opportunités qu'il offre au personnel de l'INS pour son épanouissement tant sur le plan professionnel qu'académique, qu'il trouve ici toute ma gratitude ;
Au Directeur Général Adjoint, **Monsieur Joseph SHE ETOUNDI**, pour l'encadrement permanent dont je bénéficie et la confiance placée en la jeunesse de l'INS, j'exprime toute ma reconnaissance ;
Au Sous-Directeur des Etudes et de la Normalisation, **Monsieur Barnabé OKOUDA**, pour les choix stratégiques qui ont permis de conduire ce mémoire à son terme, j'exprime ma gratitude ;
Au Sous-Directeur de la Comptabilité Nationale et des Synthèses Statistiques, **Monsieur NEPETSOUN**, pour les dispositions spéciales établies au niveau du service, j'exprime ma gratitude ;
A tous mes supérieurs hiérarchiques, à tout le personnel de l'INS et particulièrement **Monsieur IKOUMA**, qui n'ont ménagé aucun effort pour ce travail, je dis merci.

Aux membres de ma famille et à mes amis :

A mes parents, pour tout le soutien moral et affectif,

A mon épouse, pour le réconfort et les encouragements,

Au Docteur TAMO, pour les pensées positives et la priorité accordée à l'humain,

A Hervé Lys KWADIO, pour le sens élevé du travail bien fait,

A tous mes promotionnaires du Master 2 de statistiques, pour les longues heures de travail et d'échanges,

A tous mes promotionnaires de l'ENSEA et de l'ISSEA, pour toute l'amitié et la fraternité qui nous lient,

A Arnaud GNIEMKAM et Patrick NZOGANG, pour le soutien indéfectible,

trouvez ici la consécration de vos efforts.

ABRÉVIATIONS

CHS   :   Cameroon Household Survey
CNLS   :   Comité National de Lutte contre le SIDA
CV   :   Coefficient de Variation
ECAM   :   Enquête Camerounaise Auprès des Ménages
EDSC   :   Enquête de Démographie et de Santé du Cameroun
IC   :   Intevalle de confiance
INS   :   Institut National de la Statistique du Cameroun
MCMC   :   Markov Chain Monte Carlo
REPS   :   Racine carrée de l'effet de sondage
SAS   :   Sondage aléatoire simple
UPS   :   Unité primaire de sondage
VIH   :   Virus de l'Immunodéficience Humaine
ZD   :   Zone de dénombrement

RÉSUMÉ

La pratique statistique à l'Institut National de la Statistique est à la réalisation des enquêtes dans le cadre de la mesure des diverses actions du Gouvernement, des opérateurs économiques et tous les acteurs de l'activité sociale, économique, culturelle ou politique au Cameroun. La masse d'information collectée alimente les statistiques de synthèse telles que la comptabilité nationale, mais aussi les politiques dans le processus de prise de décision avisée. Dans ce cadre, la deuxième Enquête Camerounaise Auprès des ménages (ECAM II) a contribué à l'établissement d'une stratégie de réduction de la pauvreté en déterminant le seuil de pauvreté et en précisant les conditions de vie des pauvres au Cameroun. Le plan de sondage mis en œuvre demeure cependant incomplet, car sa phase ultime, qui est le calcul de la précision des estimateurs des indicateurs recherchés, n'a pas été effectuée.

En se situant dans le prolongement des travaux d'ECAM II, le présent travail propose des méthodologies d'approximation et d'estimation de la variance des estimateurs complexes dans le cadre d'un sondage stratifié combiné à un tirage à deux ou trois degrés. Les techniques utilisées pour atteindre cet objectif proviennent soit des approximations par linéarisation des estimateurs, soit des méthodes de réplication telles que le Jackkniffe. De plus, une exploitation des techniques de traitement des données manquantes s'appuyant sur la simulation des chaînes de Markov par la méthode de Monte Carlo a permis de tirer profit des informations disponibles dans la base de données pour améliorer la précision des estimateurs.

Les résultats obtenus sont probants. D'abord, ils confirment la théorie en ressortant la forte contribution des unités primaires et, dans une moindre mesure, des unités secondaires dans l'estimation de la variance des estimateurs calculés. Ainsi, l'accroissement du nombre de villes en réduisant la variance des unités primaires améliorerait la précison des indicateurs. Ensuite, ils permettent d'estimer les effets de grappe et donc d'améliorer le calibrage des futures enquêtes. Enfin, ils montrent que la taille de l'échantillon tiré dans ECAM II peut être réduite sans affecter la précision des estimateurs des indicateurs calculés.

Methodes : Une approximation de la forme analytique de la variance des estimateurs issus d'un plan de sondage à trois degrés a été developpée à l'aide des espérances conditionneles, des variances conditionnelles et de la linéarisation.

Mots clé : Précision, variance, plan de sondage complexe, Jackniffe, MCMC, ECAM.

ABSTRACT

Statistical practice at National Institute of Statistics (NIS) is to carry out surveys within the framework of measurement of actions taken by Government, businessmen and other actors of social, economic, cultural or politic activities in Cameroon. The huge quantity of data collected feeds synthesis statistics such as national accounts and moreover the politics in a wise process of decision. In this framework, the second Cameroon Households Surveys (CHS II) has contributed to establish a strategy for alleviating poverty by bringing out the poverty threshold and the living conditions of poor people in Cameroon. However, the survey design was not fully implemented for the precision of the estimators were neither determined nor computed.

Following the works done during the CHS II, this work aims at settling down an approximating methodology and estimation of standard deviation of complex estimators of indicators in a stratified sampling with two or three stages of drawing. The techniques used to complete this aim come from analytic approximation such as linearization or from replication methods such as Jackkniffe and bootstrap. Moreover, we use the entire information from the data for the data missing treatment with Monte Carlo Markov chains (MCMC) to improve the precision of the estimators.

The results are evidence enough. First of all, they fit with theory by showing a great contribution of primary units and with less importance the secondary units into the whole standard deviation. Hence, increasing the number of towns will reduce the standard deviation of primary units and improve the precision of indicators. Next, the results lead to the estimation of sampling effect which can help in the following surveys by estimating an appropriate sampling size. Last, they show that the sample size of CHS II could have been be reduced without deteriorating the standard deviation of the compuled estimators of indicators.

Methods : An analytic form of the variance from a complex sampling design is apprixmated using conditional expectancy, conditional variance and linearization.
Key words : Precision, variance, complex sampling design, Jackniffe, MCMC, CHS.

RÉSUMÉ EXÉCUTIF

<u>Sujet</u> : Prise en compte d'un plan de sondage complexe dans le calcul de la précision des estimateurs des indicateurs :*le cas des estimateurs des conditions de vie et du profil de pauvreté au Cameroun en 2001 dans la Deuxième Enquête Camerounaise auprès des Ménages (ECAM II)*

Problème et intérêt

Les organisations en charge de la statistique et les établissements impliqués dans la collecte des données produisent des résultats des opérations d'enquête de collecte de données qui se limitent, pour la plupart, aux estimations des indicateurs sans aucune information complémentaire sur la précision de ces indicateurs. Ainsi, dans le cas de l'Institut National de la Statistique du Cameroun (INS), de nombreuses enquêtes à caractère social, démographique ou économique ont été réalisées, les plus importantes étant les enquêtes de consommation auprès des ménages (ECAM), les enquêtes de démographie et de santé (EDS) et les enquêtes sur l'emploi et le secteur informel (EESI). L'EDS est la seule opération qui conduit le plan de sondage jusqu'à son terme, à savoir le calcul de la précision des indicateurs, grâce à l'assistance technique étrangère. Les autres opérations, qui bien qu'étant à leur deuxième expérience, s'arrêtent au calcul des estimateurs des indicateurs désirés, limitant ainsi la portée des résultats publiés.

En effet, ces indicateurs représentent des niveaux et doivent, à méthodologies de collecte identiques, être comparés (i) sur le plan temporel, aux valeurs obtenues dans les enquêtes passées ou à venir afin d'apprécier les évolutions ; et (ii) sur le plan spatial, aux valeurs calculées entre les différentes régions d'un même pays ou aux valeurs obtenues dans d'autres pays.

Par ailleurs, le calcul de la précision des estimateurs issus d'un plan de sondage complexe se heurte à deux difficultés majeures : des développements complexes pour des tirages supérieurs à deux degrés lors de la détermination des formes analytiques de la précision d'un total et l'estimation de la précision des fonctions d'estimateurs de totaux.

Afin de pallier aux insuffisances constatées et surmonter les difficultés relevées, le présent travail propose une méthodologie d'estimation de la précision des estimateurs issus d'un plan de sondage complexe et l'applique à la deuxième Enquête Camerounaise auprès des ménages de 2001 (ECAM II).

Données et schéma de tirage

ECAM II est une enquête d'envergure nationale qui collectait des informations auprès de 11 553 ménages durant la période allant d'octobre à décembre 2001 sur 15 thématiques. Les quatre thèmes retenus pour cette étude sont le capital humain, la pauvreté monétaire, la vulnérabilité et la bonne gouvernance. Ces quatre thèmes regroupent 35 variables dont 4 variables quatitatives et 31 variables qualitatives.

Pour choisir les ménages à enquêter, la stratégie de collecte a consisté à procéder à une stratification et, à l'intérieur de chaque strate, à un tirage à 3 degrés. Les 32 strates obtenues proviennent d'un découpage du Cameroun en 12 régions qui sont Douala, Yaoundé et les 10 provinces, et de la subdivision des 10 provinces en milieux urbain, semi-urbain et rural. Le tirage à trois degrés consiste à tirer les arrondissements dans chaque région, ensuite tirer les zones de dénombrement dans chaque arrondissement, et enfin tirer les ménages dans les zones de dénombrement. Chaque degré de tirage donne lieu au calcul des probabilités d'inclusion.

Méthodologie

La détermination de la précision des indicateurs a été faite soit par la recherche de la forme analytique soit par l'utilisation des méthodes de réplication.

La recherche des formes analytique, de la précision d'un total a été basé sur l'utilisation des espérances et des variances conditionnelles et l'approximation de Deville pour les probabilités d'inclusion double. Quant à la précision d'un estimateur fonction des totaux, la méthodologie mise en œuvre utilise les techniques de linéarisation basées sur un développement limité à l'ordre 1.

La méthode de réplication utilisée est le Jackniffe sur les zones de dénombrement dans les strates définies par le plan de sondage.

Résultats

La méthodologie mise en œuvre a conduit au calcul des estimateurs de Horwitz et Thomson et du Jackniffe, de la contribution de chaque degré de tirage à la précision totale, du coefficient de variation, de l'effet de sondage, de l'effet de grappe et des intervalles de confiance. Les estimations réalisées montrent que : le biais de l'estimateur Jackniffe par rapport à l'estimateur de Horwitz et Thomson est petit ; les derniers degrés de tirage contribuent moins à la variance totale ; les coefficients de variation sont faibles (inférieurs à 1%) ; l'effet de grappe est élevé pour les variables de vulnérabilité et, d'une façon générale, plus élevé chez les femmes chefs de ménages que chez les hommes ; la longueur des intervalles de confiance obtenu dans la forme analytique est au moins deux fois supérieure à la longueur des intervalles de confiance obtenus avec un plan de sondage simple.

L'un des principaux résultats est la possibilité d'une réduction de la taille de l'échantillon d'ECAM II de moitié sans détériorer la variance de l'estimateur de taux de pauvreté. Cette étude a aussi montré que les femmes se livrent moins que les hommes à des pratiques de mal gouvernance.

Conclusion et recommandations

Le faible de taux de non réponse et la faible valeur des coefficients de variation montrent que les données collectées lors d'ECAM II sont de bonne qualité. Cependant les unités primaires, et secondaires doivent être plus nombreuses pour diminuer leur contribution à la précision totale ; de même, la réduction du nombre de ménages tirés par ville n'affectera pas la précision des indicateurs, leur contribution à la variance totale étant très faible. Par ailleurs, la précision des indicateurs de domaine des femmes se trouverait améliorée si le nombre de femmes chefs de ménage dans l'échantillon était augmenté.

INTRODUCTION

La deuxième Enquête Camerounaise Auprès des Ménages (ECAM II, 2001) est une enquête sur les conditions de vie des ménages dont l'objectif majeur est de servir de base au système de suivi et d'évaluation du programme de réduction de la pauvreté du gouvernement camerounais. Elle a été réalisée en 2001 par l'Institut National de la Statistique (INS). L'ECAM II se proposait d'élaborer une méthodologie de calcul d'un indicateur de niveau et d'une ligne de pauvreté, d'étudier les différents aspects de la pauvreté et surtout de produire des analyses au niveau provincial et par type de milieu en isolant les grandes villes que sont Yaoundé et Douala [11]. Un plan de sondage complexe a été élaboré et mis en œuvre pour les phases de collecte et d'exploitation des données. Ce plan de sondage prévoyait le tirage d'un échantillon de 10 000 ménages après stratification. S'agissant de la stratification, Douala et Yaoundé ont été définies comme des strates à part ; chacune des 10 provinces distingue une strate rurale et une strate urbaine. Ainsi, dans l'ensemble, l'enquête a utilisé 22 strates dont 10 rurales et 12 urbaines. Une seconde stratification a été faite dans les strates urbaines en urbain pour les villes de 50 000 habitants au moins et en semi urbain pour les villes de 10 000 à 50 000 habitants. La cartographie du recensement général de la population et de l'habitat de 1987 a été mise et utilisée comme base de sondage. Quant au schéma de tirage adopté, il dépendait du milieu de résidence. Dans les strates urbaines, un tirage à deux degrés a été mise en œuvre. Dans chacun des arrondissements de Yaoundé et Douala, les zones de dénombrement (ZD) ont été tirées à probabilités égales au premier degré ; dans chaque zone de dénombrement tirée, 12 ménages ont ensuite été tirés à probabilités égales au second degré. Dans les strates urbaines des provinces, les ZD sont tirées à probabilité égales au premier degré et 18 ménages sont ensuite tirés à probabilités égales au second degré. Dans les strates rurales et les sous strates urbaines, un tirage à trois degrés à été conduit. Au premier degré, on tire les villes (chefs-lieu d'arrondissement) avec une probabilité proportionnelle à leur taille en ménages ; on tire ensuite à probabilités égales, les ZD au deuxième degré et, au troisième degré, 18 ménages pour le milieu semi urbain et 27 ou 36 ménages pour le milieu rural.

S'agissant des conditions de vie des ménages, l'ECAM II se proposait de calculer un indicateur de niveau de vie approché par la consommation finale des ménages et le seuil de pauvreté basé sur l'approche des besoins essentiels. En ce qui concerne le profil de pauvreté, l'ECAM II a distingué un profil de pauvreté monétaire, la pauvreté dans le marché de travail, la pauvreté selon les besoins sociaux de base, la pauvreté en termes de potentialité et de gouvernance et enfin les aspects subjectifs de la pauvreté. Ces résultats ne permettent ni d'apprécier la qualité des indicateurs calculés, ni de mesurer statistiquement les évolutions observées avec l'enquête budget consommation de 1983, l'ECAM I de 1996 et les autres sources complémentaires d'informations. En effet, une compraraison a été faite entre ECAM I et ECAM II [10] sur la base d'un rapprochement de méthodologie des deux enquêtes ; cette comparaison ne dit pas si les différences entres les indicateurs sont statistiquement significatives ou pas. Par ailleurs, les estimations doivent refléter le plan d'échantillonnage dans la recherche des estimateurs et des intervalles de confiance sans biais. Cette tâche est ardue quand le plan d'échantillonnage est complexe comme c'est le cas dans l'ECAM II. En effet, si la plupart des logiciels statistiques peuvent produire des estimateurs sans biais, le calcul de la variance est un exercice délicat pour les plans d'échantillonnage sortant du cadre du tirage aléatoire simple.

Ce stage se situe dans le prolongement des travaux d'exploitation et d'analyse effectuées sur les données collectées par l'ECAM II. Il procède du souci de fournir aux utilisateurs des résultats sur les conditions de vie des populations et le profil de pauvreté des ménages. Il est aussi le lieu de relever l'importance des plans de sondage dans les enquêtes statistiques en montrant leur influence sur la qualité des résultats et la pertinence des hypothèses de calibration retenues. Les résultats attendus de ce stage sont :

– le calcul d'autres estimateurs que ceux proposés lors de l'exploitation d'ECAM II ;
– l'estimation des données manquantes et leur impact sur le calcul des estimateurs et leur précision ;
– la détermination, dans la mesure du possible, de la forme analytique de la variance des estimateurs de la prévalence du VIH et des facteurs associes ;
– l'estimation de la précision, soit par une méthode analytique, soit par une méthode de réplication.

Pour atteindre ces reésultats, le présent document comprend trois chapitres.

Le premier chapitre visite l'expérience de l'INS en matière d'enquête en ce focalisant sur l'Enquête Démographique et Sante de 2004 qui a mis en œuvre un plan de sondage complexe dans toutes ses étapes ; il présente ensuite quelques indicateurs de pauvreté ; enfin, il revient sur les fondements théoriques du calcul de la variance en envisageant différents cas de figure.

Le deuxième chapitre est le lieu de présenter les données et le plan de sondage d'ECAM II dans un premier temps, et d'élaborer la méthodologie qui sera mise œuvre pour obtenir la précision des estimateurs dans un second temps. Cette méthodologie recherche les formes analytiques de la variance des estimateurs en s'appuyant sur le calcul de la variance d'un estimateur du total d'une population, les techniques de linéarisation des estimateurs non linéaires tels le total d'un domaine, le ratio. L'estimation de cette variance fera recours aux formes approchées des probabilités d'inclusion double afin de procéder à un calcul direct ou à l'utilisation des méthodes de réplication telle que le jacknife.

Le troisième chapitre présente les résultats obtenus suivant les quatre grandes thématiques que sont le capital humain, la pauvreté monétaire, la vulnérabilité et la bonne gouvernance.

CHAPITRE 1

CADRE THÉORIQUE

1.1 Calcul de la précision des indicateurs dans le cadre des enquêtes auprès des ménages : le cas de l'EDSC III

Plusieurs travaux ont été conduits pour le calcul des estimateurs simples et complexes dans le cadre des enquêtes. Pourtant, au Cameroun, seules les enquêtes démographiques et de santé du Cameroun (EDSC) de l'INS font l'objet du calcul de la précision de ces estimateurs. L'EDSC III illustre bien cette réalité. La troisième Enquête Démographique et de Santé du Cameroun (EDSC III), réalisée au Cameroun de février à août 2004 par l'Institut National de la Statistique (INS) en collaboration avec le Comité National de Lutte contre le Sida (CNLS), devait dégager des résultats d'une portée provinciale et nationale en prenant en compte la représentation des milieux urbains et ruraux [17]. Un plan de sondage complexe a été élaboré et mis en oeuvre pour les phases de collecte et d'exploitation des données. Ce plan de sondage prévoyait le tirage d'un échantillon de 11 556 ménages. Le tirage de l'échantillon se faisait à deux degrés. Au premier degré, les unités primaires de sondage (UPS) sont sélectionnées à partir des zones de dénombrement (ZD). Ces ZD sont fournies par la cartographie du deuxième recensement général de la population et de l'habitat réalisée de juin 2002 à avril 2003. Ces ZD servent de base de sondage pour un tirage à probabilités inégales de 466 grappes dont 222 rurales et 244 urbaines. Au second degré, un échantillon de ménages est sélectionné dans ces ZD. Les ménages sont tirés avec une probabilité inverse de façon à autopondérer les domaines. S'agissant des individus du ménage, les femmes résidentes de 15-49 ans et, dans un ménage sur deux, les hommes résidents de 15-59 ans sont éligibles. Dans un document annexe, l'EDSC III a calculé les erreurs de sondage et les effets de grappe sur 57 indicateurs clés de démographie et de santé. Ces indicateurs sont soit des proportions (taux d'alphabétisation, taux d'instruction), soit des moyennes (enfants nés vivants, nombre d'enfants idéal), soit des ratios (ratio de mortalité maternelle). Les résultats ont été publiés pour le Cameroun dans son ensemble, pour les deux grandes villes Douala et Yaoundé, pour les autres villes, pour l'ensemble du milieu urbain et le milieu rural, et pour chacun des 12 domaines d'étude. Le module 'erreurs de sondage' du logiciel ISSA a été utilisé pour calculer les erreurs de sondage suivant la méthodologie statistique appropriée. Ce module utilise la méthode de linéarisation (Taylor) pour des estimations telles que les moyennes ou proportions, et la méthode du Jackkniffe pour des estimations plus complexes tels que l'indice synthétique de fécondité et les quotients de mortalité. Quelques limites peuvent être relevées sur le calcul de la précision des indicateurs de l'EDSC III. La première limite est la non prise en compte des erreurs de mesure. En effet, les variables d'intérêt dont la précision a été calculée ont été considérées comme des observations dont la mesure n'est entachée d'aucune erreur, l'erreur provenant uniquement des fluctuations d'échantillonnage. Or, les ménages interrogés ne connaissent pas toujours précisément la réponse à la question posée ou ne souhaitent pas donner l'information exacte. La deuxième limite est la non allusion au traitement des non-réponses. En effet, les ménages peuvent refuser soit de se soumettre à l'interview (non réponse totale), soit de répondre à certaines questions (non-réponse partielle). La prise en compte des erreurs d'observation, qui transforme une variable déterministe en une variable stochastique, modifie le biais et la variance de l'estimateur.

1.2 Présentation des indicateurs

D'une façon générale, un *estimateur* est une fonction des variables qui prend une valeur fixe sur l'ensemble de la population U. Un *échantillon* S est un sous-ensemble de la population sur lequel des réalisations des variables entrant dans le champ de l'étude sont mesurées. A partir de ces réalisations, une valeur où estimation de l'indicateur est proposée. Cette estimation est construite à partir d'une fonction des observations ou estimateur et des probabilités d'inclusion π_k où k désigne une observation. Comme le proposent Deville et Tillé [8], ces probabilités d'inclusion peuvent intégrer des variables auxiliaires corrélées à la variable d'intérêt ; dans ce cas, en notant n la taille de l'échantillon S et X une variable auxiliaire, on a

$$\pi_k = \frac{nX_k}{\sum\limits_{k' \in U} X_{k'}}.$$

Ainsi, le calcul d'une statistique sur la population U consiste à mettre un poids égal à 1 sur chaque individu de U. Un estimateur, proposé par Horvitz et Thomson, de cette même statistique sur l'échantillon consiste à affecter un poids $w_k = \frac{1}{\pi_k}$ à chaque individu k de l'échantillon et un poids nul aux autres undividus. Soit donc M la mesure qui met un poids égal à 1 sur chaque individu de U, $\widehat{M}$ la mesure qui est associée au sondage (affecte un poids $w_k = \frac{1}{\pi_k}$ à chaque individu k de l'échantillon et un poids nul aux autres undividus), une statistique T sera notée $T(M)$ ou T sur U et son estimateur sur S sera noté $T\left(\widehat{M}\right)$ ou $\widehat{T}$. A titre d'exemple, si T désigne le total d'une variable Y, alors, on a

$$T = T(M) = \sum_{k \in U} Y_k$$

et

$$\widehat{T} = T\left(\widehat{M}\right) = \sum_{k \in S} \frac{Y_k}{\pi_k} = \sum_{k \in S} w_k Y_k.$$

Dans le cas d'un ratio R de deux totaux Y et X, on a

$$R = R(M) = \frac{Y(M)}{X(M)} = \frac{\sum_{k \in U} Y_k}{\sum_{k \in U} X_k}$$

et

$$\widehat{R} = R\left(\widehat{M}\right) = \frac{Y\left(\widehat{M}\right)}{X\left(\widehat{M}\right)} = \frac{\sum_{k \in U} w_k Y_k}{\sum_{k \in U} w_k X_k}.$$

1.2.1 Indicateurs calculés dans ECAM II

Plus d'une centaine d'indicateurs ont été calculés dans ECAM II soit comme des statistique de totaux, soit comme des statistiques de ratios. L'indice de Gini et le taux de pauvreté sortent de ce lot et méritent une attention particulière.

Indice de Gini

Dubois (1998) affirme que, dans la pratique, l'indicateur le plus fréquemment utilisé est le cœfficient de Gini. Il traduit l'écart entre une distribution hypothétique uniforme des revenus et la distribution effectivement ajustée sur les données recueillies. Il va de 0, pour l'égalité absolue, lorsque chaque individu ou ménage reçoit une part identique du revenu, à 100, lorsqu'une seule personne ou un seul ménage reçoit la totalité du revenu. Ainsi, plus l'indice de GINI est petit, plus la distribution des revenus est égalitaire dans la population. Le cœfficient de Gini est fréquemment calculé à partir de la distribution de la consommation des ménages même s'il tend à être sous-estimé par rapport à une distribution du revenu.

L'indice de $GINI(G)$ s'écrit

$$G(M) = \frac{\sum\limits_{k' \in U} \left(2r\left(k'\right) - 1\right) y'_k}{N \sum\limits_{k' \in U} y'_k} - 1,$$

où $r(k')$ est le rang de l'individu k' dans la distribution des Y (triés par ordre croissant) et peut s'écrire

$$r(k') = \sum_{k'' \in U} 1_{y_{k''} \leq y_{k'}}.$$

Un estimateur de l'indice de Gini est donné par

$$G(\widehat{M}) = \frac{\sum\limits_{k' \in U} \left(2\widehat{r}(k') - 1\right) w_{k'} y_{k'}}{\left(\sum\limits_{k' \in U} w_{k'}\right)\left(\sum\limits_{k' \in U} w_{k'} y_{k'}\right)} - 1, \tag{1.1}$$

où

$$\widehat{r(k')} = \sum_{k'' \in S} w_{k''} 1_{y_{k''} \leq y_{k'}}.$$

Indicateur du taux de pauvreté *(poverty Headcount)*

Deux situations se distinguent, suivant que le seuil de pauvreté est connu de façon exogène (par exemple par une enquête suffisamment grande pour négliger la variance de l'estimateur) ou estimée à partir de l'enquête. Par ailleurs, le seuil peut être évalué sur une population plus large que le champ de l'étude : ainsi le taux de pauvreté des personnes âgées est calculé à partir du seuil de pauvreté définie sur la France entière.

En considérant le seuil de pauvreté exogène, le taux de pauvreté de la population s'écrit alors :

$$J(M) = F_A(M_{,s}),$$

où F_A est la fonction de répartition de Y sur la population A considérée :

$$F_A(Y) = \frac{1}{N_A} \sum_{K \in A} 1_{Y_K \leq Y};$$

F_A peut également être considérée comme un ratio sur U et s'estime simplement par

$$J(\widehat{M}) = F_A(\widehat{M}_{,s}) = \frac{1}{\sum\limits_{k' \in S_A} w_{k'}} \sum_{k \in S_A} w_k 1_{Y_k \leq Y}, \tag{1.2}$$

où S_A est un échantillon de la population A.

1.2.2 Autres Indicateurs

Deux autres indicateurs de pauvreté peuvent être présentés : l'Indicateur d'Atkinson et un indicateur multimensionnel.

Indicateur d'Atkinson

Il est proposé par Dell et al (2005) dans le cadre de l'Enquête Revenus Fiscaux en France. Tout comme le coefficient de GINI, le coefficient d'Atkinson est un indicateur d'inégalité dans la distribution du revenu. De même, plus l'indice d'Atkinson est petit, plus la distribution des revenus est égalitaire dans la population le coefficient d'Atkinson est le coût de l'inégalité. Dans l'expression de cet indicateur, $1 - a$ est un paramètre de l'aversion à l'inégalité.

Pour $a \neq 0$, l'indicateur d'Atkinson $A_a(M)$ est donné par

$$A_a(M) = 1 - \left(\frac{1}{N} \sum_{k' \in U} \left(\frac{Y_{k'}}{\overline{Y}} \right)^a \right)^{\frac{1}{a}},$$

qui peut encore s'écrire

$$1 - \frac{1}{\overline{Y}} \left(\frac{1}{N} \sum_{k' \in U} {Y_{k'}}^a \right)^{\frac{1}{a}},$$

où

$$\overline{Y} = \sum_{k \in U} Y_k$$

et N désigne la taille de la population.

Un estimateur de cet indicateur est

$$A_a(\widehat{M}) = 1 - \left(\frac{1}{n} \sum_{k' \in S} \left(\frac{Y_{k'}}{\widehat{\overline{Y}}} \right)^a \right)^{\frac{1}{a}}, \tag{1.3}$$

où

$$\widehat{\overline{Y}} = \frac{1}{n} \sum_{k \in S} Y_k$$

et n désigne la taille de la population.

Par prolongement par continuité de $A_a(M)$ en $a = 0$, l'indicateur d'Atkinson devient

$$A_0(M) = 1 - \left(\frac{\prod\limits_{k' \in U} Y_{k'}}{\overline{Y}} \right)^{\frac{1}{N}} ;$$

et un estimateur de cet indicateur est

$$A_a(\widehat{M}) = 1 - \frac{1}{\widehat{\overline{Y}}} \left(\prod_{k' \in S} Y_{k'}^{w_{k'}} \right)^{\frac{1}{a}} . \tag{1.4}$$

Vers la construction d'un indicateur multidimensionnel

Les indicateurs unidimensionnels présentent une seule des nombreuses facettes de la pauvreté. Un indicateur multidimensionnel a le mérite d'intégrer simultanément plusieurs aspects du même phénomène pour la caractérisation de la pauvreté. Cependant, la mise en commun des indicateurs de pauvreté soulève quelques interrogations, notamment sur l'additivité et la corrélation des indicateurs. En effet, des études empiriques sur la France, le Royaume-Uni, l'Espagne et le Portugal, quelques pays issus de l'Europe dite naguère de l'Est (Pologne, Roumanie, Russie), le Brésil et Madagascar montrent que les coefficients de corrélation de Pearson entre les différentes formes de pauvreté, notamment la pauvreté par les conditions de vie et la pauvreté monétaire, la pauvreté par les conditions de vie et la pauvreté subjective, et enfin la pauvreté monétaire et la pauvreté subjective sont inférieurs à $0,3$[20]. Ces valeurs établissent que les ménages pauvres selon l'une des formes de pauvreté le sont aussi selon les autres formes, mais pas nécessairement dans la même ampleur. Verger et *al* (2001) propose un indicateur multidimensionnel de pauvreté basé sur le cumul des symptômes de pauvreté (aucun symptôme de pauvreté, un symptôme et un seulement, deux symptômes et deux seulement, trois symptômes). Il calcule ensuite les corrélations entre les différents aspects de la pauvreté à l'aide des scores. Une étude ménée par Borel et *al* (2006) s'appuie sur l'analyse factorielle multiple (AFM) pour construire un indicateur composite de pauvreté (ICP) des conditions de vie au niveau du ménage. Les quatre thèmes retenus dans l'analyse de la pauvreté sont l'accès aux infrastructures publiques de base les plus proches, les conditions d'existence, le capital humain et la vulnérabilité. Une analyse de correspondance multiple permet de sélectionner les variables et modalités discriminantes par domaine. Ainsi, le temps moyen d'accès permet d'approcher l'accès aux infrastructures publiques ; les sources d'énergie, le logement et ses attributs, l'évacuation des ordures ménagères appréhendent les conditions d'existence. L'alphabétisation et le niveau d'instruction évaluent le capital humain ; et la possession de matériels durables estime la vulnérabilité. En définitive, les dix sept variables et quarante cinq modalités retenues sont utilisées dans l'AFM pour la recherche d'un facteur commun résumant les disparités de conditions de vie entre les ménages. Ces variables doivent vérifier la propriété de cohérence ordinale le long du premier axe (COPA) pour que cet axe caractérise la pauvreté globale des conditions de vie des ménages.

1.3 Estimation de la précision dans les plans de sondages classiques

1.3.1 Généralités

Erreurs en sondage

Quatre types d'erreurs existent dans les terminologies de la théorie des sondages : l'erreur de mesure ou d'observation, le défaut de couverture, la non-réponse et l'erreur d'échantillonnage[2]. L'*erreur de mesure* provient du fait que l'information collectée peut être différente de la vraie valeur attachée à l'individu. Cette différence trouve son origine dans la délicatesse du sujet, les erreurs de bonne foi de l'enquêté, erreur de remplissage, de codification ou informatique, formulation des questions, etc. En notant Y_i la vraie valeur et $Y_i^\star$ la valeur collectée, on modélise l'erreur d'observation par ϵ_i en posant $Yi = Y_i^\star + \epsilon_i$ [7].

Le *défaut de couverture*, quant à lui, est une situation où la base de sondage est incomplète. La *non-réponse* peut être *partielle* ou *totale*. La non-réponse totale est le cas où un ménage décide de ne pas participer à l'interview. Pour tenir compte de la non-réponse totale, on considère le plus souvent que la décision de répondre est aléatoire, auquel cas l'échantillon des répondants est obtenu par un tirage en deux phases : une première phase d'échantillonnage et une deuxième d'acceptation de l'enquête. La deuxième phase est généralement modélisée par un tirage poissonnien : autrement dit, les unités sont supposées décider de répondre indépendamment les unes des autres. La non-réponse partielle est une situation où un ménage ne sait pas ou refuse de répondre à une question donnée. La valeur imputée est entachée d'une erreur qui peut être traitée comme une erreur d'observation.

L'*erreur d'échantillonnage* survient du fait que l'échantillon tiré ne constitue qu'un élément dans un ensemble plus grand d'échantillons probables. La théorie des sondages considère que c'est cet échantillon, ou mieux sa composition, qui est aléatoire. L'effet de l'erreur d'échantillonnage sur la précision d'un estimateur est mesurée par le biais, la variance ou précision et l'erreur quadratique moyenne.

– *Calcul du biais d'un estimateur*

Le biais est proche d'une caractéristique de tendance centrale et traduit l'écart moyen entre l'estimateur et la vraie valeur inconnue. Deux cas de figure sont envisagés dans le calcul du biais :

• le cas où le biais est nul à la suite d'un calcul théorique
• le cas où le biais non nul, exprimé par des formules littérales, est approché numériquement par des ordres de grandeur.

– *Calcul de la variance d'un estimateur*

La variance est une mesure de l'erreur d'échantillonnage où tout écart à la moyenne contribue positivement à l'évaluation de l'imprécision. La formule de la variance est donnée par la moyenne des carrés des écarts de l'estimateur à sa moyenne, soit

$$V(\widehat{\theta}) = E(\widehat{\theta} - E(\widehat{\theta}))^2$$

où $\widehat{\theta}$ est un estimateur de la grandeur θ et $E(.)$ est l'espérence mathématique. La racine carrée de la variance, ou écart-type, est souvent préférée à la variance dans le but de se ramener à la même échelle que l'estimateur et permettre le calcul des intervalles de confiance.

– *L'écart quadratique moyen*
   C'est un indicateur synthétique de la précision qui englobe le biais et la variance. Il représente la moyenne des carrés des écarts de l'estimateur à la vraie valeur.

Effet de grappe

   L'ECAM *II* a utilisé un plan de tirage à plusieurs degrés où les unités primaires sont soit les villes, les unités secondaires les ZD, les unités tertiaires les ménages. Dans chaque unité d'un degré de tirage, le risque est grand de rencontrer des ménages similaires. Cette similaritité entre les individus vis-à-vis de la variable d'intérêt dans une unité réduit la précision des estimateurs et s'appelle *effet de grappe*[2]. L'effet de grappe est mesuré par le coefficient de corrélation intra-grappe et est donné, dans le cas d'un SAS, par la formule

$$
\rho = \frac{\sum\limits_{i=1}^{NB_{men}} \sum\limits_{\substack{j=1 \\ j\neq i}}^{NB_{men}} \left(Y_i - \overline{Y}\right)\left(Y_j - \overline{Y}\right)}{\sum\limits_{i=1}^{NB_{men}} \sum\limits_{j=1}^{NB_{men}} \left(Y_i - \overline{Y}\right)\left(Y_j - \overline{Y}\right)} \times \frac{1}{n-1},
$$

avec
NB_{men} le nombre de ménages,
n le nombre total de ménages tirés et $\overline{Y}$ la moyenne générale de la variable d'intérêt Y.
   Cette formule de l'effet de grappe montre que si une forte similarité entre les ménages existe, les $\left(Y_i - \overline{Y}\right)\left(Y_j - \overline{Y}\right)$ sont positifs et l'effet de grappe est positif.
   En réécrivant la formule de la variance, une relation entre l'effet de grappe et la précision peut être exhibée. Dans le cas de l'estimation d'un total T par un tirage à deux degrés, avec un tirage aléatoire simple à chaque degré où toutes les unités primaires ont une même taille $\overline{N}$, le taux de sondage est négligeable devant 1 et les unités secondaires sont de taille constante, la variance s'écrit

$$
V(T) = N^2 \frac{S^2}{m\overline{n}} \left(1 + \rho\left(\overline{n} - 1\right)\right), \tag{1.5}
$$

où m est le nombre d'unités primaires tirées, $\overline{n}$ est le nombre d'unités secondaires tirées par unité primaire, et S^2 est la variance vraie dans l'ensemble de la population avec

$$
S^2 = \frac{1}{N-1} \sum_{k=1}^{N} \left(Y_k - \bar{Y}\right)^2
$$

où

$$
\bar{Y} = \frac{1}{N} sum_{k=1}^{N} Y_k.
$$

   Cette expression montre les rôles de ρ, m et $\overline{n}$. Un effet de grappe positif accroît la variance. Plus le nombre d'unités primaires tirées est grand, plus la variance est petite. La dérivée de l'expression de la variance par rapport à $\overline{n}$ conduit à

$$
\frac{dV}{d\overline{n}} = N^2 S^2 \frac{\rho - 1}{\overline{n}^2},
$$

ce qui montre que l'effet du nombre d'unités secondaires tirées $\overline{n}$ dépend du rapport entre l'effet de grappe et l'unité. Si ρ est plus grand que 1, tout accroissement du nombre d'unités secondaires dégrade la précision.

Deux méthodes d'estimation de la précision des indicateurs sont mises en exergue dans la littérature. La première méthode est la recherche de la forme analytique de la variance et d'un estimateur de cette expression analytique, et la seconde est l'utilisation des méthodes de réplication.

1.3.2 Méthode analytique

A partir de l'expression de l'estimateur d'un indicateur, la méthode analytique consiste à rechercher, par un développement mathématique, une expression de la variance. Les deux grandes difficultés qu'elles rencontrent sont l'existence des probabilités d'inclusion doubles ou triples pour l'estimateur d'un total et la présence des estimateurs complexes tel un ratio. La solution apportée à l'existence des probabilités doubles est l'approximation et la solution apportée au problème des estimateurs complexes est la linéarisation.

Estimation de la précision d'un total

Soient U, une population composée de N individus, Y une variable qui prend la valeur Y_k pour l'individu k, S un échantillon de n individus sur lesquels les Y_k sont observés, π_k les probabilités d'inclusion simple et π_{kl} les probabilités d'inclusion double. Le total de la variable Y sur la population s'écrit

$$T = \sum_{k \in U} Y_k$$

et est estimé sans biais sur l'échantillon par l'estimateur de Horvitz-Thomson

$$\widehat{T} = \sum_{k \in S} \frac{Y_k}{\pi_k}.$$

La variance de cet estimateur est donnée par

$$V(\widehat{Y}) = \sum_{k \in U} \frac{Y_k^2}{\pi_k}\left(1 - \pi_k\right) + \sum_{k \in U} \sum_{\substack{k \in U \\ l \neq k}} \frac{Y_k Y_l}{\pi_k \pi_l}\left(\pi_{kl} - \pi_k \pi_k\right). \tag{1.6}$$

Un estimateur sans biais de cette variance est

$$\widehat{V(\widehat{Y})} = \sum_{k \in S} \frac{Y_i^2}{\pi_k^2}\left(1 - \pi_k\right) + \sum_{k \in S} \sum_{\substack{k \in S \\ l \neq k}} \frac{Y_k Y_l}{\pi_k \pi_l \pi_{kl}}\left(\pi_{kl} - \pi_k \pi_k\right). \tag{1.7}$$

Cette variance et son estimateur prennent des formes diverses selon le plan de sondage classique.

– *Sondage aléatoire simple*
  Dans le cas d'un sondage aléatoire simple, les probabilités d'inclusion sont

$$\pi_k = \frac{n}{N} \quad \text{et} \quad \pi_{kl} = \frac{n}{N}\frac{n-1}{N-1};$$

le total est estimé par

$$\widehat{Y} = \frac{N}{n}\sum_{k \in S} Y_k,$$

et (1.6) devient

$$V(\widehat{Y}) = \frac{N(N-n)}{n}\frac{1}{N-1}\sum_{k\in U}\left(Y_k - \overline{Y}\right)^2 ; \qquad (1.8)$$

(1.7) devient

$$\widehat{V}(\widehat{Y}) = \frac{N(N-n)}{n}\frac{1}{n-1}\sum_{k\in S}\left(Y_k - \widehat{\overline{Y}}\right)^2 ; \qquad (1.9)$$

où

$$\overline{Y} = \sum_{k\in U}Y_k \quad \text{et } \widehat{\overline{Y}} = \sum_{k\in S}Y_k.$$

— *Sondage à probabilité inégales*

Dans le cas d'un sondage à probabilités inégales, les probabilités d'inclusion sont difficiles à calculer et l'approximation de Deville n'utilisant que les probabilités d'inclusion est en général utilisée

$$\pi_k = \frac{n}{N},$$

et (1.7) devient

$$\widehat{V}(\widehat{Y}) = \frac{1}{1 - \sum\limits_{k\in S}a_k^2}\sum_{k\in S}(1-\pi_k)\left(\frac{Y_k}{\pi_k} - A\right)^2 , \qquad (1.10)$$

où

$$a_k = \frac{1-\pi_k}{\sum\limits_{k'\in S}(1-\pi_{k'})} \quad \text{et } A = \sum_{k\in S}a_k\frac{Y_k}{\pi_k}.$$

— *Sondage Stratitifié*

Dans le cas d'un sondage stratifié où la population est partitionnée en H strates notées U_h et dans chaque strate h un sous-échantillon S_h est tiré de manière indépendante, le total est estimé par

$$\widehat{Y} = \sum_{h=1}^{H}\sum_{k\in S_h}\frac{Y_k}{\pi_k};$$

alors (1.6) devient

$$\widehat{V(\widehat{Y})} = \sum_{h=1}^{H}V_h\left(\sum_{k\in S_h}\frac{Y_k}{\pi_k}\right) , \qquad (1.11)$$

et (1.7) devient

$$V(\widehat{Y}) = \sum_{h=1}^{H}\widehat{V}_h\left(\sum_{k\in S_h}\frac{Y_k}{\pi_k}\right) . \qquad (1.12)$$

où $V_h\left(\sum\limits_{k\in S_h}\frac{Y_k}{\pi_k}\right)$ est la variance à l'intérieur de la strate h et peut être calculée selon le plan de tirage des sous-échantillons S_h.

Sondage à deux degrés

Dans le cas d'un sondage à deux degrés où dans un premier temps n unités primaires sont échantillonnées parmi M à l'aide d'un plan de sondage S_1 et dans chaque unité primaire $i \in S_1$ (la probabilité d'inclusion d'un individu i de S_1 est π_i) et indépendamment, n_i

unités secondaires sont échantillonnées parmi N_i à l'aide d'un sondage S_{2i} (la probabilité d'inclusion d'un individu k sachant qu'il appartient à l'UP_i est $\pi_{k|i}$) ; le total Y est estimé par

$$\widehat{Y} = \sum_{i \in S_1} \sum_{i \in S_{2i}} \frac{Y_{ik}}{\pi_i \pi_{k|i}}.$$

Alors (1.6) devient

$$V(\widehat{Y}) = V\left(\sum_{i \in S_1} \frac{\sum_{k=1}^{N_i} Y_{ik}}{\pi_k}\right) + \sum_{i=1}^{M} V\left(\sum_{k \in S_{2i}} \frac{Y_{ik}}{\pi_{k|i}}|S_1\right), \tag{1.13}$$

et (1.7) devient

$$\widehat{V}(\widehat{Y}) = \widehat{V}\left(\sum_{i \in S_1} \frac{\sum_{k \in S_{2i}} Y_{ik}}{\pi_i}\right) + \sum_{i \in S_1} \frac{\widehat{V}\left(\sum_{k \in S_{2i}} \frac{Y_{ik}}{\pi_{k|i}}|S_1\right)}{\pi_i}, \tag{1.14}$$

où (1.14) est obtenu à l'aide la formule

$$V(\widehat{Y}) = V\left(E\left(\widehat{Y}|S_1\right)\right) + E\left(V\left(\widehat{Y}|S_1\right)\right).$$

Estimation de la précision des estimateurs complexes par linéarisation

Principe de la linéarisation

La détermination de la forme analytique telle que précédemment calculée n'est applicable que pour les estimations des variances de totaux. Pour un estimateur complexe, la formule exacte de l'estimateur de la variance sera inconnue. Deville montre qu'il est possible de se ramener à un calcul du type précédent par approximaton en procédant à un développement limité d'ordre 1 en introduisant la notion de *fonction d'influence* pour un individu ou de "linéarisée d'un estimateur associée à un individu k"[7].

La fonction d'influence d'une statistique T associée à un individu k apprécie l'effet de la variation du poids associé à cet individu sur la statistique à estimer. Soit M, une mesure qui met un poids égal à 1 sur chaque individu, $\widehat{M}$ la mesure associée au sondage, et $M + t\delta_k$ la mesure qui met un poids égal à 1 pour tous les individus sauf l'individu k qui a un poids égal à $1 + t$. Les statistiques associées sont respectivement $T(M)$, $T(\widehat{M})$ et $T(M + t\delta_k)$. La fonction d'influence est alors donnée par :

$$z_k = \lim_{t \to 0} \frac{T(M + t\delta_k) - T(M)}{t} = lin_k(T).$$

Deville montre que la variance du total

$$\sum_{k \in S} \frac{z_k}{\pi_k}$$

est un estimateur de la variance de la statistique $T(\widehat{M})$.

Ainsi, si T désigne une statistique linéaire de la variable X, on a

$$T(M) = \sum_{k' \in U} \alpha_{k'} X k'$$

où les $\alpha_{k'}$ sont des réels,

$$T(M + t\delta_k) = \sum_{k' \in U} \alpha_{k'} X_{k'} + t\alpha_k X_k;$$

or

$$T\left(\widehat{M}\right) = \sum_{k' \in S} \frac{\alpha_{k'} X_{k'}}{\pi_{k'}}$$

d'où

$$z_k = lin_k = \alpha_k X_k.$$

Il vient alors que

$$\sum_{k \in S} \frac{z_k}{\pi_k} = T(\widehat{M})$$

d'où $\sum_{k \in S} \frac{z_k}{\pi_k}$ et $T(\widehat{M})$ ont même variance.

Une autre présentation de la linéarisée est le calcul direct des dérivées premières[21]. Ainsi, si

$$\theta = f(T_1, ..., T_j, ..., T_J)$$

est une fonction des totaux T_1 à T_J où

$$T_j = \sum_{k' \in S} z_{jk'}$$

et ,

$$z_k = z_{1k}, ..., z_{jk}, ..., z_{JK}.$$

Un estimateur de θ est

$$\widehat{\theta} = f(\widehat{t}_1, ..., \widehat{t}_j, ..., \widehat{t}_J)$$

où les $\widehat{t}_j$ sont par exemple des estimateurs de Horvitz et Thompson de T_j :

$$\widehat{t}_{j\pi} = \sum_{k \in S} \frac{z_{jk}}{\pi_k}.$$

Lorsque f n'est pas une fonction linéaire, l'estimateur de la variance de $\widehat{\theta}$ est donnée par $\widehat{V(\widehat{t}_{\pi,u})}$ qui est un estimateur sans biais de la variance de l'estimateur du total d'une nouvelle variable u_k, où

$$\widehat{t}_{\pi,u} = \sum_{k \in S} \frac{u_k}{\pi_k} \quad \text{et} \quad u_k = \sum_{j=1}^{J} a_j z_{jk},$$

avec

$$a_j = \frac{\partial \theta}{\partial T_j}\big|_{T_j = \widehat{t}_j}.$$

Propiétés de la fonction d'influence

Soit $T(M)$ et $S(M)$ deux statistiques. Les formules sur les opérations de la fonction d'influence sont semblables à celles des dérivées de fonctions. Ainsi,

$$lin_k(T + S) = lin_k(T) + lin_k(S),$$

$$lin_k(TS) = S(M)lin_k(T) + T(S)lin_k(S),$$

$$lin_k\left(\frac{T}{S}\right) = \frac{lin_k(T)}{S(M)} - \frac{T(S)lin_k(S)}{S(M)^2},$$

$$lin_k(f(T)) = f'(T(M))lin_k(T)$$

où f est une fonction dérivable

Exemples de linéarisation

Le calcul de la linéarisée d'un indicateur peut être illustré à partir de quatre exemples proposés par Dell et al [7].

Le premier exemple est la linéarisation d'un ratio

$$R(M) = \frac{Y(M)}{X(M)}$$

de deux totaux $X(M)$ et $Y(M)$. La fonction d'influence de $R(M)$ associée à l'individu k s'écrit

$$lin_k(R) = \frac{1}{X(M)}\left(Y_k - R(M)X_k\right).$$

Le second exemple est la linéarisation de l'indice de Gini donné par

$$G(M) = \frac{\sum\limits_{k'\in U}(2r(k') - 1)Y_{k'}}{N\sum\limits_{k'\in U}Y_{k'}} - 1.$$

La linéarisée du dénominateur associé à un individu k est

$$lin_k(deno) = lin_k(N)\sum_{k'\in U}Y_{k'} + Nlin_k(\sum_{k'\in U}Y_{k'}),$$

où, en considérant N comme une statistique du total de la variable qui prend la valeur 1 pour tous les individus et en appliquant la linéarisée d'une statistique linéaire, on obtient

$$lin_k(N) = 1$$

et on tire

$$lin_k(deno) = \sum_{k'\in U}Y_{k'} + NY_k.$$

La linéarisée du rang $r(k)$ est $lin_k r(k') = 1_{Y_k \leq Y_{k'}}$. La linéarisée du numérateur se déduit en utilisant la formule de la linéarisée de la somme de statistiques, soit

$$lin_k(num) = (2r(k) - 1)Y_k + 2\sum_{k' \in U} 1_{Y_k \leq Y_{k'}} Y_{k'}.$$

Finalement, la linéarisée de l'indice de GINI est

$$lin_k(G) = \frac{2\left(Y_k r(k) + \sum\limits_{k' \in U} 1_{Y_k \leq Y_{k'}} Y_{k'}\right) - Y_k - (G(M) + 1)\left(\sum\limits_{k' \in U} Y_{k'} + NY_k\right)}{N \sum\limits_{k' \in U} Y_{k'}}. \tag{1.15}$$

Le troisième exemple proposé par Dell et al est la linéarisation de l'indicateur d'Atkinson donné par

$$A_a(M) = 1 - \left(\frac{1}{N}\sum_{k' \in U}\left(\frac{Y_{k'}}{\overline{Y}}\right)^a\right)^{\frac{1}{a}}, \text{ lorsque } a \neq 0,$$

et

$$A_0(M) = 1 - \left(\frac{\prod\limits_{k' \in U} Y_{k'}}{\overline{Y}}\right)^{\frac{1}{N}}, \text{ lorsque } a = 0.$$

La linéarisée de cet indicateur est

$$lin_k(A_a) = \frac{1 - A_a(M)}{N}\left(\frac{Y_k}{\overline{Y}} - 1 - \frac{1}{a}\left(\frac{NY_k^a}{\sum\limits_{k' \in U} Y_{k'}} - 1\right)\right), \text{ lorsque } a \neq 0. \tag{1.16}$$

et

$$lin_k(A_0) = \frac{1 - A_a(M)}{N}\left(\frac{Y_k}{\overline{Y}} - 1 - log(Y_k) + \frac{\sum\limits_{k' \in U} log Y_{k'}}{N}\right), \text{ lorsque } a = 0. \tag{1.17}$$

Enfin, le quatrième exemple tiré de Dell et al est la linéarisation de l'estimateur du taux de pauvreté

$$J(\widehat{M}) = F_A(M, s) = \frac{1}{\sum\limits_{k \in S_A} W_k}\sum_{k \in U} W_k 1_{Y_k \leq Y}.$$

F_A étant un simple ratio sur U, la linéarisation de $J(M)$ s'écrit directement :

$$lin_k(J) = \frac{1_{K \in A}}{N_A}\left(1_{Y_K \leq S} - J(M)\right) \tag{1.18}$$

1.4 Méthode de réplication par le Jackkniffe

La méthode du Jackkniffe est une technique de re-échantillonnage qui vise à fournir une procédure informatique d'estimation de la variance et du biais d'un estimateur complexe. Cette technique a été proposée pour la première fois en 1949 par Quenouille et s'appuie sur le retrait de certains individus de la base et le recalcul de l'estimateur[2]. Considérons l'estimateur

$$\widehat{T} = f(Y_1, Y_2, \ldots, Y_n)$$

et

$$\widehat{T_{(i)}} = f(Y_1, \ldots, Y_{i-1}, Y_{i+1}, \ldots, Y_n)$$

la $i^{ème}$ réplication du Jackkniffe obtenue en supprimant la $i^{ème}$ observation ; la $i^{ème}$ pseudo valeur est donnée par

$$Y_{(i)} = n\widehat{t} - (n-1)\widehat{T}_{(i)} \tag{1.19}$$

et joue le même rôle que Y_i dans le calcul de l'estimateur. L'estimateur Jackkniffe de T est donné par

$$\widehat{T}_{Jack} = \frac{1}{n}\sum_{i=1}^{n} Y_{(i)} = n\widehat{T} - (n-1)\widehat{T}_{()}, \tag{1.20}$$

où $\widehat{T}_{()} = \frac{\sum_{i=1}^{n}\widehat{T}_{(i)}}{n}$. L'estimateur Jackkniffe du biais est

$$Biais_{Jack} = (n-1)(\widehat{T}_{()} - \widehat{T}); \tag{1.21}$$

et l'estimateur Jackkniffe de la variance est

$$var_{jack} = \widehat{var(\widehat{T}_{jack})} = \frac{\sum_{i=1}^{n}(Y_{(i)} - \widehat{T}_{Jack})^2}{n(n-1)} = \frac{n-1}{n}\sum_{i=1}^{n}(\widehat{T}_{(i)} - \widehat{T}_{()})^2. \tag{1.22}$$

Dans notre cas, chaque sous-échantillon exclut une ville dans les calculs des estimations. Des sous-échantillons pseudo-indépendants sont créés. La variance d'un estimateur complexe est donnée par

$$var(T) = \frac{1}{k(k-1)}\sum_{i=1}^{k}(\widehat{T}_{(i)} - \widehat{T})^2, \tag{1.23}$$

où k est le nombre de villes, $\widehat{T}_{(i)}$ l'estimateur de Horvitz et Thomson obtenu en excluant la ville i, et $\widehat{T}$ est l'estimateur de Horvitz et Thomson sur l'ensemble des ZD.

1.5 Traitement des données manquantes

La méthode de repondération sera utilisée pour le traitement des données manquantes sur les variables qualitatives et l'imputation par MCMC poour le traitement des données manquantes des variables quantitatives.

1.5.1 Méthode de repondération

La méthode de repondération consiste à modifier les poids initiaux des individus pour tenir compte de la non réponse dans le calcul de l'estimateur. Pour estimer la caractéristique d'intérêt sur la population totale, la méthode de repondération procède d'abord par une inférence du sous-échantillon de répondants sur l'échantillon total en supposant que tous les individus de la population ont une probabilité de répondre non nulle. Elle infère ensuite de l'échantillon total à la population entière en supposant que tous les individus de la population ont une probabilité d'inclusion non nulle. La méthode de repondération suppose l'existence des catégories pour lesquelles les individus ont une probabilité de répondre non nulle et homogène.

1.5.2   Imputation multiple par MCMC ou Data Augmentation

La méthode Markov Chain Monte Carlo (MCMC)[1] permet de simuler des tirages pseudo aléatoires à partir d'une distribution de probabilité multidimensionnelle en utilisant les chaînes de Markov. Une chaîne de Markov est une séquence de variables aléatoires dans laquelle la distribution de chaque élément dépend uniquement de l'élément précédent i.e $P(X_t|X_{t-1}, X_{t-2}, \ldots) = P(X_t|X_{t-1})$. Dans la simulation de MCMC, on construit une chaîne de Markov suffisamment longue pour que la distribution des éléments se stabilise en un processus stationnaire. On utilise pour cela le théorème de Bayes sur la distribution *a posteriori* d'un paramètre inconnu θ qui est donnée par

$$P(\theta|Y) = \frac{P(Y|\theta) P(\theta)}{\int P(Y|\theta) P(\theta) \, d\theta}. \qquad (1.24)$$

La simulation MCMC permet alors de simuler la distribution jointe a posteriori des quantités inconnues et de dégager des estimations des paramètres sur la base. En supposantque le tableau des données est tiré d'une distribution normale multivariée, la Data Augmentation consiste à itérer plusieurs fois les étapes *I* et *P* suivantes.

- Etape *I* : Cette étape pemet de simuler de façon indépedante les valeurs manquantes pour chaque observation *i*. Soient θ le paramètre d'intérêt, Y_{manq} l'ensemble des variables ayant des données manquantes et Y_{obs} l'ensemble des variables ayant des données observées, à l'itération t, on tire Y_{manq}^{t+1} dans la distribution donnée par $p(Y_{manq}, \theta^t)$ où θ^t est la valeur du paramètre d'intérêt calculée avant l'itération t ;
- Etape *P* : Cette étape simule le paramètre θ à partir d'un tableau complet de données (i.e tableau sans valeurs manquantes). A l'itération t,on tire θ^t dans la distribution donnée par $p(\theta|Y_{obs}, Y_{manq})$.

La chaîne de Markov obtenue est

$$\left(Y_{manq}^1, \theta^1, \right), \left(Y_{manq}^2, \theta^2, \right), \ldots$$

Cette chaîne converge en probabilité vers $p(Y_{manq}, \theta)$. La stationnarité est atteinte après t itérations si

- θ^t est indépendant de θ^0
- θ^{2t} est indépendant de θ^t, etc.

Le test de stationnarité peut-être graphique ou à travers les fonctions d'autocorrélation.

CHAPITRE 2

DONNÉES ET MÉTHODOLOGIE

Ce chapitre comporte 3 sections. La première section présente les thèmes abordés dans les 3 outils de collecte d'ECAM II ainsi que le schéma de tirage adopté lors de cette opération. La deuxième section développe la méthode mise en œuvre pour approximer la précision des indications. La troisième section complète la méthodologie en proposant des indicateurs tels que le coefficient de variation et les intervalles de confiance qui permettent de mieux interpréter les indicateurs.

2.1 Données et schéma de tirage

Cette section présente d'abord les 12 thèmes abordés dans les 3 questionnaires d'ECAM II. Elle insiste particulièrement sur les variables qui ont été utilisées à titre d'application pour le calcul de la précision des indicateurs. Elle aborde enfin le schéma de tirage retenu par ECAM II qui est un tirage à trois degré dans 32 strates.

2.1.1 Description des données

Variables d'ECAM II

Plusieurs outils de collecte ont été utilisés lors de la phase d'exécution d'ECAM II[12].
- un questionnaire principal ;
- un formulaire d'enregistrement des dépenses rétrospectives du ménage ;
- un formulaire d'enregistrement des dépenses et acquisitions quotidiennes du ménage.

Chaque questionnaire est subdivisé en sections. Les numéros des sections sont consécutifs. Chaque section a été saisie séparément et stockée dans un fichier identifié par le numéro de la section. La saisie des questionnaires a été faite à l'aide d'un masque et des contrôles de saisie dans l'environnement *CsPro*. L'apurement des données a été faite sous *SPSS*. L'analyse des données a été faite à l'aide de SPSS et Stata. Les fichiers sont disponibles sous format SPSS.

La gestion des informations sous *SPSS* se fait par l'intermédiaire
- d'un dictionnaire de variables qui contient les informations sur le nom, leur libellé, le type et la longueur des variables ;

- d'un tableau de données qui présente en ligne les observations et en colonne les variables. En plus des variables correspondant aux questions des outils de collecte, une variable représentant le poids des individus figure dans le tableau des données.

La description des différentes sections est faite comme suit :
- la section00 porte sur les renseignements généraux, à savoir l'identification du ménage, les renseignements sur le ménage et la collecte. Cette section permet d'affecter un identifiant unique au ménage qui est une concaténation du code la région, du numéro de la ZD et du numéro du ménage dans la ZD (21 variables) ;
- la section01 décrit la composition et les caractéristiques des membres du ménage (10 variables en plus des noms des membres du ménage) ;
- la section02 est relative à la santé des membres (12 variables en plus des noms) ;
- la section03 porte sur le niveau d'instruction des membres du ménage âgés de plus de 5 ans (12 variables en plus du nom) ;
- la section04 retrace l'activité des membres du ménage (30 variables) ;
- la section05 porte sur la natalité, la mortalité et la fécondité au sein du ménage (27 variables) ;
- la section06 est réservée à l'anthropométrie et la couverture vaccinale des enfants de 0 à 35 mois (15 variables) ;
- la section07 concerne les logements et équipements du ménage (11 variables) ;
- la section08 porte sur les migrations du ménage (11 variables) ;
- la section09 décrit l'accessibilité aux infrastructures de base (7 variables) ;
- la section10 retrace la perception des conditions de vie du ménage (18 variables) ;
- la section11 est consacrée aux entreprises familiales non agricoles (30 variables) ;
- la section12 est relative au patrimoine matériel et financier ainsi qu'à l'épargne et au capital social du ménage (32 variables) ;
- la section13 porte sur l'agriculture et les activités du monde rural (56 variables) ;
- la section14 retrace les dépenses rétrospectives non alimentaires du ménage (14 sous sections de 4 variables chacune) ;
- la section15 retrace les dépenses et acquisitions quotidiennes des ménages (12 variables).

Variables retenues

Les variables retenues dans le cadre de cette étude peuvent être regroupées en quatre thèmes en plus des variables démographiques.

Variables démographiques

Les variables démographiqes sont la région (s00q1), le numéro de la ZD (s00q2), le numéro du ménage (s00q3), le code du département (s00q4), le code de l'arrondissement (s00q5), et le milieu (s00q7). Les variables démographiques définissent les 32 strates (combinaison de 12 régions et 3 milieux) et les trois degrés de tirage (arrondissement, ZD et ménage). Dans ce groupe de variables, il faut ajouter le sexe (s01q2) et l'âge (s01q3) du chef de ménage. Les tableaux 2.1 à 2.3 résument les fréquences des principales variables démographiques. Les régions ayant le plus de ménages sont l'Extrême-Nord, Douala, Yaoundé et l'Ouest ; ceci provient du tirage proportionnel à la taille des régions en ménages. Le milieu urbain repésente 45% de l'échantillon et les femmes chefs représentent seulement 24% des ménages enquêtés.

TABLE 2.1 – Fréquence des ménages par région d'enquête

	Frequence	Pourcentage
Douala	1118	10,2
Yaounde	1095	10
Adamaoua	757	6,9
Centre	867	7,9
Est	747	6,8
Extreme-Nord	1322	12
Littoral	733	6,7
Nord	866	7,9
Nord-Ouest	882	8
Ouest	1076	9,8
Sud	761	6,9
Sud-Ouest	768	7
Total	10992	100

L'âge moyen des enquêtés est de 43 ans ; il est de 45 pour les femmes et de 42 pour les hommes.

TABLE 2.2 – Fréquence des ménages par milieu

	Frequence	Pourcentage
Urbain	4975	45,3
Semi-urbain	2137	19,4
Rural	3880	35,3
Total	10992	100

TABLE 2.3 – Fréquence des ménages par sexe

	Frequence	Pourcentage
Masculin	8311	75,6
Feminin	2681	24,4
Total	10992	100

Le regroupement effectué s'inspire des variables retenues par Borel et al (2006). Les quatre thèmes sont le capital humain, la pauvreté monétaire, la vulnérabilité et la bonne gouvernance.

Variables du capital humain

Le premier thème est relatif au capital humain. Il regroupe les variable relatives à l'éducation et à la santé. L'éducation est appréhendée par l'alphabétisation (s03q2) et le niveau d'instruction le plus élevé du ménage (s03q10). La santé est caractérisée par la prévalence du paludisme (s02q11a), les dépenses en médicaments (pharma) et dépenses en consultation (consult). Les tableaux 2.4 et ?? montrent près de 70% des chefs de ménages savent lire ou écrire le français, 27% sont sans niveau scolaire et 31% on achevé le cycle primaire. Les ménages dépenses en moyennes 62 mille francs en médicaments par an et 27 mille francs en frais de consultations. Ces dépenses sont moins élévés chez les femmes (60 mille et 22 mille respectivement) que chez les hommes (63 milles et 28 milles respectivement)

TABLE 2.4 – Fréquence des effectifs des ménages selon qu'ils savent lire ou écrire

	Fréquence	Pourcentage
Oui	7658	69,7
Non	3327	30,3
Total	10985	100

TABLE 2.5 – Fréquence des effectifs des ménages selon le niveau d'insxtruction

	Fréquence	Pourcentage
Sans niveau	3035	27.6
Primaire	3409	31
Sec. Gene. 1er cycle	1708	15,5
Sec. Gene. 2nd cycle	1066	9,7
Sec. Tech. 1er cycle	565	5,1
Sec. Tech. 2nd cycle	341	3,1
Supérieur	868	7,9
Total	10992	100

Variables de pauvreté monétaire

Le second thème est la pauvreté monétaire caractérisée par les dépenses alimentaires (depalim), les dépenses non alimentaires (depnalim) et les dépenses totales (deptot)

Variables de vulnérabilité

Le troisième thème est la vulnérabilité à travers :
- les commodités : de télécommunication (possession d'un téléphone fixe (equip1), d'un téléphone mobile (equip2), d'un poste radio (equip3), d'une télévision (equip14) ou d'une chaîne musicale (equip16)) ; de communication (bicyclette (equip7), motocyclette (equip9), véhicule (equip13)) ; d'un matériel moderne de cuisson (cuisinière (equip10), réchaud à gaz (equip11) , réchaud à pétrole (equip12), bouteille à gaz (equip17)) ; ou autres biens de luxe (réfrigérateur (equip4), congélateur (equip5), climatiseur (equip6), ventilateur (equip8), fer à repasser (equip15)) ;
- la possession de terre (s12q1) ;
- la vie associative (s12q26). Les tableaux 2.6 à 2.10 décrivent quelques unes de ces variables.

Il apparaît ainsi que 8% des ménages disposent d'un téléphone portable, 25% d'un téléviseur et 5% d'un véhicule ; 48% exploitent une terre et 56% sont membre d'une association.

TABLE 2.6 – Fréquence des effectifs des ménages selon qu'ils possèdent ou non un téléphone mobile

	Fréquence	Pourcentage
Oui	979	8,9
NON	10013	91,1
Total	10992	100

TABLE 2.7 – Fréquence des effectifs des ménages selon qu'ils possèdent ou non un téléviseur

	Fréquence	Pourcentage
Oui	2696	24,5
NON	8296	75,5
Total	10992	100

Variables de bonne gouvernance

Le quatrième thème est la bonne gouvernance mesurée par le paiement des frais non reglémentaires pour la scolarisation (s10q15), pour les soins médicaux (s10Q16), pour autres services (s10q17) ; le paiement volontaire de frais à un agent des forces de l'ordre.

Les tableaux 2.11 à ?? décrivent quelques les variables relatives à l'enseignement, la santé et les force de l'ordre.

Il apparaît ainsi que 16% des ménages disent avoir donné de l'argent non reglémentaire pour la scolarisation, 22% pour les soins médicaux et 16% volontairement à un agent de force de l'ordre.

2.1.2 Description du schéma de tirage et notations

La population totale est constituée de l'ensemble des ménages résidant sur le territoire camerounais pendant la période de collecte qui va de septembre à décembre 2001. Le ménage est à la fois unité d'observation et unité d'échantillonnage. Le nombre total de ménages ayant été utilisé pour le tirage de l'échantillon est de $N = 2865265$ et la taille de l'échantillon désiré est de $n = 11553$. Deux grandes étapes sont considérées dans la constitution de l'échantillon. La première étape est la définition des strates et la seconde étape est le tirage dans les strates constituées.

Phase d'allocation

Dans cette première étape de constitution de l'échantillon, deux niveaux de stratification sont mis en œuvre. A l'issue de cette phase, un nombre de ménages à tirer dans chaque milieu est déterminé.

Le premier niveau est une stratification en 12 régions constituées des 12 provinces et des grandes métropoles que sont Yaoundé et Douala ; une allocation proportionnelle à la taille des régions en ménages est utilisée pour la répartition de l'échantillon entre les 12 régions. Le poids d'une région est $P_{reg} = N_{reg}/N = n_{reg}/n$ où N_{reg} est le nombre de ménages dans la région reg et n_{reg} le nombre de ménages tirés dans la région reg.

TABLE 2.8 – Fréquence des effectifs des ménages selon qu'ils Possèdent ou non un véhicule

	Fréquence	Pourcentage
Oui	518	4,7
NON	10474	95,3
Total	10992	100

TABLE 2.9 – Fréquence des effectifs des ménages selon qu'ils exploitent ou non une terre

	Fréquence	Pourcentage
Oui	5277	48
NON	5715	52
Total	10992	100

Le second niveau est la stratification des régions en milieu urbain, semi-urbain et rural. Une première allocation proportionnelle est faite entre les milieux urbain et semi-urbain, d'une part, et le milieu rural, d'autre part, sur la base d'un poids de 4/7 pour les premiers et de 3/7 pour le second. Ces pondérations sont tirées de la phase de correction des ZD du recensementde 1987 avant le tirage de l'échantillon où il apparaît que le milieu urbain et semi-urbain est plus homogène que le milieu rural. Une seconde allocation, proportionnelle à la taille des ménages, est réalisée entre le milieu urbain et le milieu semi-urbain. Le milieu urbain est constitué des grandes villes (plus de 50 000 habitants) et le milieu semi urbain est constitué des villes de 10 000 à 50 000 habitants. Les deux grandes métropoles sont entièrement dans le milieu urbain ; le poids du milieu urbain sachant que la région reg est une métropole est $P_{mil/reg} = 1$. Le poids d'un milieu semi urbain ou d'un milieu urbain (autre que Douala et Yaoundé) sachant sa région reg hors de l'une des deux métropoles est

$$P_{mil/reg} = (4/7)N_{mil}/N'_{reg} = (4/7)n_{mil}/n'_{reg}$$

où
- N'_{reg} est le nombre total de ménages des milieux urbain et semi-urbain seulement de la région reg ;
- N_{mil} est le nombre de ménages dans le milieu mil ;
- n'_{reg} est le nombre total de ménages tirés dans les milieux urbain et semi-urbain seulement de la région reg ; et
- n_{mil} le nombre de ménages tirés dans le milieu mil.

Le poids du milieu rural est $P_{mil/reg} = 3/7$.
En définitive, le poids du milieu mil est $P_{mil} = P_{reg}P_{mil/reg}$.

Phase de sélection

Les strates précédentes permettent de délimiter quatre milieux qui sont (i) les grandes métropoles que sont Yaoundé et Douala (ii) les grandes villes des province (iii) les petites villes des provinces et (iv) le milieu rural. A chaque milieu, un schéma de tirage tenant compte de ses spécificités a été mis en œuvre.

TABLE 2.10 – Fréquence des effectifs des ménages selon qu'ils sont membres ou non d'une association

	Fréquence	Pourcentage
Oui	6149	55,9
Non	4842	44,1
Total	10991	100

TABLE 2.11 – Fréquence des effectifs des ménages qui ont payé ou non des frais non reglémentaires pour la scolarisation

	Fréquence	Pourcentage
Oui	1791	16,3
Non	9176	83,7
Total	10967	100

Tirage à Yaoundé et Douala   Chaque ville est découpée en quatre arrondissements. Le nombre de zones de dénombrement [1] (ZD) à tirer par ville est fixé à 100 ($nb_{ZD} = 100$). La répartition des 100 ZD par arrondissement est faite proportionnellement à l'effectif des ménages de l'arrondissement de 1987. Dans chaque arrondissement, un tirage à deux degrés est conduit. Au premier degré, les ZD sont tirées à probabilités égales dans un arrondissement. Au deuxième degré, 12 ménages sont tirés à probabilités égales dans chaque ZD.

Notations :

NB_{arr} : nombre d'arrondissements ($NB_{arr} = 4$);

nb_{arr} : nombre d'arrondissements tirés ($nb_{arr} = 4$);

NB_{ZD} : nombre de ZD d'un arrondissement (cartographie de 1987);

nb_{ZD} : nombre de ZD à tirer d'un arrondissement (issue d'une répartition proportionnellement à l'effectif des ménages de 1987);

NB_{men} : nombre de ménages d'une ZD (obtenu après dénombrement en 2001);

nb_{men} : nombre de ménages à tirer dans une ZD ($nb_{ZD} = 12$).

La probabilité d'inclusion d'un ménage dans la ville de Yaoundé ou Douala est donnée par

$$P_1 = \frac{nb_{arr}}{NB_{arr}} \times \frac{nb_{ZD}}{NB_{ZD}} \times \frac{nb_{men}}{NB_{men}}$$

Tirage dans les grandes villes

Les grandes villes sont les villes de 50 000 habitants et plus autres que Yaoundé et Douala. Elles constituent le milieu urbain de la province. Un tirage à deux degrés est adopté dans chaque grande ville comme à Yaoundé et à Douala, à l'exception qu'au deuxième degré, 18 ménages sont tirés.

Avec les notations de Yaoundé et Douala, la probabilité d'inclusion d'un ménage dans une grande ville est donnée par

$$P_2 = \frac{nb_{ZD}}{NB_{ZD}} \times \frac{nb_{men}}{NB_{men}}$$

---

1. Regroupement des ménages selon la cartographie de 1987 mise à jour en 2001 pour les besoins d'ECAM II.

TABLE 2.12 – Fréquence des effectifs des ménages qui ont payé ou non des frais non reglémentaires pour les soins médicaux

	Fréquence	Pourcentage
Oui	2388	21,8
Non	8586	78,2
Total	10974	100

TABLE 2.13 – Fréquence des effectifs des ménages qui ont payé volontairement des frais à un agent des force de l'ordre

	Fréquence	Pourcentage
Oui	1788	16,3
Non	9177	83,7
Total	10965	100

Tirage dans les petites villes

Les petites villes sont les villes de 10 000 à moins de 50 000 habitants. Elles constituent la strate semi-urbaine des provinces et sont les chefs-lieux d'arrondissement autres que les grandes villes, Yaoundé et Douala. Un tirage à trois degrés est adopté pour les petites villes. Au premier degré, les villes sont tirées avec une probabilité proportionnelle à leur taille en ménages en 1987. Les degrés suivants sont identiques au tirage dans les grandes villes.

Avec les notations de Yaoundé et Douala complétées par :

NB_{men87} : nombre de ménages dans la ville en 1987 ;

$NBTOT_{men87}$: nombre total de ménages dans toutes les petites villes de la province en 1987.

La probabilité d'inclusion d'un ménage dans une petite ville est donnée par

$$P_3 = nb_{arr} \times \frac{NB_{men87}}{NBTOT_{men87}} \times \frac{nb_{ZD}}{NB_{ZD}} \times \frac{nb_{men}}{NB_{men}}$$

où le terme $nb_{arr} \times \frac{NB_{men87}}{NBTOT_{men87}}$ représente la probabilité d'inclusion d'une ville. Lorsque cette dernière est supérieure à $1/nb_{arr}$ le chef-lieu d'arrodissement est tiré et le calcul est refait pour la sélection des autres petites villes.

Tirage dans les zones rurales

Il est semblable au tirage dans les petites villes, à l'exception qu'au dernier degré, 27 ménages ou 36 ménages sont tirés à probabilités égales.

2.2   Méthodologie

Cette section recherche les formules et techniques directement applicables à l'échantillonnage complexe d'ECAM II. Elle complète les formules exposées dans le cadre analytique en proposant d'abord une forme analytique de l'estimateur de la variance qui intègre la stratification et les trois degrés de tirage d'ECAM II, ensuite un estimateur Jackniffe de la variance, et enfin les modifications necessaires pour prendre en compte l'information apportée par les données manquantes.

2.2.1 Forme analytique de la variance dans le plan de sondage d'ECAM II

Cas d'un total

Le plan de sondage d'ECAM II peut être modélisé comme un sondage ayant 32 strates. Dans chaque strate, la sélection des ménages se fait par un sondage à trois degrés :

- au premier degré, n villes ou arrondissements (unités primaires) sont tirés suivant un plan de sondage S_1 dans un ensemble de N villes ou arrondissements de la strate ; S_1 est un tirage sans *remise à probabilités π_i proportionnelles à la taille de la ville en ménages* ;
- Dans chaque ville ou arrondissement i, n_i zones de dénombrement (unités secondaires) sont tirées suivant un plan de sondage S_{2i} dans un ensemble de N_i ZD de la ville i ; S_{2i} est un tirage sans *remise à probabilités égales* $\pi_{j|i}$;
- Au troisième degré, $n_{j|i}$ ménages (unités tertiaires) sont tirées suivant un plan de sondage $S_{3j|i}$ dans un ensemble de $N_{j|i}$ de ménages de la ZD j de la ville i ; $S_{3j|i}$ est un tirage sans remise à probabilités égales $\pi_{k|i,j}$.

Dans une strate et avec les notations précédentes, le total d'une variable Y qui prend la valeur Y_{ijk} sur le ménage k de la ZD j de la ville i est

$$Y = \sum_{i=1}^{N} \sum_{j=1}^{N_i} \sum_{k=1}^{N_{j|i}} Y_{ijk}$$

et son estimateur de Horvitz et Thompson est

$$\hat{Y} = \sum_{i=1}^{n} \sum_{j=1}^{n_i} \sum_{k=1}^{n_{j|i}} \frac{Y_{ijk}}{\pi_i \pi_{j|i} \pi_{k|i,j}}$$

La variance de l'estimateur $\hat{Y}$ est

$$V\left(\hat{Y}\right) = V\left(E(\hat{Y}|S_1)\right) + E\left(V\left(\hat{Y}|S_1\right)\right) \tag{2.1}$$

obtenue en conditionnant par rapport à S_1. Le premier terme de cette somme est

$$V\left(E(\hat{Y}|S_1)\right) = V\left(\sum_{i \in S_1} \frac{1}{\pi_i} E\left(\sum_{j=1}^{n_i} \sum_{k=1}^{n_{j|i}} \frac{Y_{ijk}}{\pi_{j|i} \pi_{k|i,j}} \Big| S_1\right)\right)$$

$$= V\left(\sum_{i \in S_1} \frac{1}{\pi_i} E\left(\sum_{j=1}^{N_i} \sum_{k=1}^{N_{j|i}} \frac{Y_{ijk}}{\pi_{j|i} \pi_{k|i,j}} \delta_{jk|i} \Big| S_1\right)\right)$$

$$= V\left(\sum_{i \in S_1} \frac{1}{\pi_i} \sum_{j=1}^{N_i} \sum_{k=1}^{N_{j|i}} \frac{Y_{ijk}}{\pi_{j|i} \pi_{k|i,j}} E\left(\delta_{jk|i} | S_1\right)\right)$$

$$= V\left(\sum_{i \in S_1} \frac{\sum_{j=1}^{N_i} \sum_{k=1}^{N_{j|i}} Y_{ijk}}{\pi_i}\right) \quad \text{car } E\left(\delta_{jk|i} | S_1\right) = \pi_{j|i} \pi_{k|i,j}$$

avec $\delta_{jk|i} = 1$ si le ménage k de la ZD j a été sélectionné sachant que la ville i est tirée, et $\delta_{jk|i} = 0$ sinon.

D'où

$$V\left(E(\hat{Y}|S_1)\right) = V\left(\sum_{i \in S_1} \frac{Y_i}{\pi_i}\right), \tag{2.2}$$

où $Y_i = \sum\limits_{j=1}^{N_i} \sum\limits_{k=1}^{N_{j|i}} Y_{ijk}$ est le total de la ville i

(2.2) est la variance d'un total dans un tirage à probabilités inégales. Selon les formules classiques développées dans le cadre théorique d'un sondage à un degré à probabilités inégales, cette variance vaut :

$$V\left(E(\hat{Y}|S_1)\right) = \sum_{i=1}^{N} \frac{Y_i^2}{\pi_i}\left(1 - \pi_i\right) + \sum_{i=1}^{N} \sum_{\substack{l=1 \\ l \neq i}}^{N} \frac{Y_i Y_l}{\pi_i \pi_l}\left(\pi_{il} - \pi_i \pi_l\right). \tag{2.3}$$

Un estimateur de cette variance est donné par

$$\hat{V}\left(E(\hat{Y}|S_1)\right) = \sum_{i \in S_1} \frac{\hat{Y}_i^2}{\pi_i^2}\left(1 - \pi_i\right) + \sum_{i \in S_1} \sum_{\substack{l \in S_1 \\ l \neq i}} \frac{\hat{Y}_i \hat{Y}_l}{\pi_i \pi_l \pi_{il}}\left(\pi_{il} - \pi_i \pi_l\right); \tag{2.4}$$

où $\hat{Y}_i = \sum\limits_{j=1}^{n_i} \sum\limits_{k=1}^{n_{j|i}} \frac{Y_{ijk}}{\pi_{j|i}\pi_{k|i,j}}$ est l'estimateur du total Y_i de la ville i.

Le second terme de la somme (2.1) vaut

$$\begin{aligned} E\left(V(\hat{Y}|S_1)\right) &= E\left(V\left(\sum_{i \in S_1} \frac{\hat{Y}_i}{\pi_i}\Big|S_1\right)\right) \\ &= E\left(\sum_{i \in S_1} \frac{1}{\pi_i^2} V\left(\hat{Y}_i|S_1\right)\right); \end{aligned} \tag{2.5}$$

or

$$V\left(\hat{Y}_i|S_1\right) = V\left(E(\hat{Y}_i|S_1, S_{2i})\right) + E\left(V(\hat{Y}|S_1, S_{2i})\right), \tag{2.6}$$

$$\text{où } V\left(E(\hat{Y}|S_1, S_{2i})\right) = V\left(E\left(\sum_{j=1}^{n_i}\sum_{k=1}^{n_{j|i}} \frac{Y_{ijk}}{\pi_{j|i}\pi_{k|i,j}}\Big|S_1, S_{2i}\right)\right)$$

$$= V\left(\sum_{j=1}^{n_i}\frac{1}{\pi_{j|i}}\left(E\left(\sum_{k=1}^{N_{j|i}} \frac{Y_{ijk}}{\pi_{k|i,j}}\delta_{jk|i}\Big|S_1, S_{2i}\right)\right)\right)$$

$$= V\left(\sum_{j=1}^{n_i}\frac{1}{\pi_{j|i}}\sum_{k=1}^{N_{j|i}} \frac{Y_{ijk}}{\pi_{k|i,j}}E\left(\delta_{k|ij}|S_1, S_{2i}\right)\right)$$

$$= V\left(\sum_{j=1}^{n_i}\frac{\sum_{k=1}^{N_{j|i}}Y_{ijk}}{\pi_{j|i}}\right), \text{ car } E\left(\delta_{k|ij}|S_1, S_{2i}\right) = \pi_{k|i,j},$$

$$= V\left(\sum_{j=1}^{n_i}\frac{Y_{j|i}}{\pi_{j|i}}\right), \text{ où } Y_{j|i} = \sum_{k=1}^{N_{j|i}}Y_{ijk},$$

$$= \frac{N_i\left(N_i - n_i\right)}{n_i}\frac{1}{N_i - 1}\sum_{j=1}^{N_i}\left(Y_{j|i} - \bar{Y}_i\right)^2, \text{ où } \bar{Y}_i = \frac{1}{N_i}\sum_{k=1}^{N_i}Y_{j|i},$$

(2.7)

avec $\delta_{k|ij} = 1$ si le ménage k a été sélectionné sachant que la ZD j de la ville i est tirée, et $\delta_{k|ij} = 0$ sinon.

La dernière ligne de (2.7) est obtenu en utilisant la variance de l'estimateur d'un total dans le cas d'un sondage aléatoire simple qu'est le plan S_{2i}.

Les $Y_{j|i}$ n'étant pas connus et encore moins pour tous les N_i éléments de la population où sont tirés les n_i, un estimateur de cette variance est donnée par

$$\hat{V}\left(E(\hat{Y}_i|S_1, S_2)\right) = \frac{N_i\left(N_i - n_i\right)}{n_i}\frac{1}{n_i - 1}\sum_{j=1}^{n_i}\left(\hat{Y}_{j|i} - \bar{\hat{Y}}_i\right)^2,$$

(2.8)

où

$$\hat{Y}_{j|i} = \sum_{k=1}^{n_{j|i}} \frac{Y_{ijk}}{\pi_{j|i}\pi_{k|i,j}}$$

et

$$\bar{\hat{Y}} = \frac{1}{n_i}\sum_{j=1}^{n_i}\hat{Y}_{j|i}.$$

Le second terme de (2.6) est

$$E\left(V(\hat{Y}_i|S_1, S_{2i})\right) = E\left(V\left(\sum_{j\in S_{2i}}\sum_{k\in S_{3ij}} \frac{Y_{ijk}}{\pi_{j|i}\pi_{k|i,j}}\Big|S_1, S_{2i}\right)\right)$$

$$= E\left(\sum_{j\in S_{2i}}\frac{1}{\pi_{j|i}^2}V\left(\sum_{k\in S_{3ij}} \frac{Y_{ijk}}{\pi_{k|i,j}}\Big|S_1, S_{2i}\right)\right)$$

$$= E\left(\sum_{j\in S_{2i}}\frac{1}{\pi_{j|i}^2}\left(\frac{N_{j|i}\left(N_{j|i} - n_{j|i}\right)}{n_{j|i}}\frac{1}{N_{j|i} - 1}\sum_{k=1}^{N_{j|i}}\left(Y_{ijk} - \bar{Y}_{j|i}\right)^2\right)\right),$$

en utilisant la variance de l'estimateur d'un total dans le cas d'un sondage aléatoire simple qu'est le plan S_{3ij} et où $\bar{Y}_{j|i} = \frac{1}{N_{j|i}} \sum\limits_{k=1}^{n_{j|i}} Y_{ijk}$.

D'où, en notant $\delta_{j|i}$ la variable aléatoire qui prend la valeur 1 si la ZD j a été sélectionnée sachant que la ville i est tirée, et 0 sinon.

$$
\begin{aligned}
E\left(V(\hat{Y}_i|S_1, S_{2i})\right) &= E\left(\sum_{j=1}^{N_i} \frac{1}{\pi_{j|i}^2}\left(\frac{N_{j|i}\left(N_{j|i} - n_{j|i}\right)}{n_{j|i}}\frac{1}{N_{j|i}-1}\sum_{k=1}^{N_{j|i}}\left(Y_{ijk} - \bar{Y}_{j|i}\right)^2\right)\delta_{j|i}\right) \\
&= \sum_{j=1}^{N_i} \frac{1}{\pi_{j|i}^2}\left(\frac{N_{j|i}\left(N_{j|i} - n_{j|i}\right)}{n_{j|i}}\frac{1}{N_{j|i}-1}\sum_{k=1}^{N_{j|i}}\left(Y_{ijk} - \bar{Y}_{j|i}\right)^2\right)E\left(\delta_{j|i}\right) \quad (2.9)\\
&= \sum_{j=1}^{N_i} \frac{1}{\pi_{j|i}}\left(\frac{N_{j|i}\left(N_{j|i} - n_{j|i}\right)}{n_{j|i}}\frac{1}{N_{j|i}-1}\sum_{k=1}^{N_{j|i}}\left(Y_{ijk} - \bar{Y}_{j|i}\right)^2\right),
\end{aligned}
$$

car $E\left(\delta_{j|i}\right) = E\left(E\left(\delta_{j|i}|S_1\right)\right) = \pi_{j|i}$.

Les Y_{ijk} n'étant pas connus pour tous les $N_{j|i}$ éléments de la population où sont tirés les $n_{j|i}$, un estimateur de (2.9) est donnée par

$$
\hat{E}\left(V(\hat{Y}_i|S_1, S_{2i})\right) = \sum_{j\in S_{2i}} \frac{1}{\pi_{j|i}^2}\left(\frac{N_{j|i}\left(N_{j|i} - n_{j|i}\right)}{n_{j|i}}\frac{1}{n_{j|i}-1}\sum_{k\in S_{3ij}}\left(Y_{ijk} - \hat{\bar{Y}}_{j|i}\right)^2\right), \quad (2.10)
$$

où $\hat{\bar{Y}}_{j|i} = \frac{1}{n_{j|i}} \sum\limits_{k\in S_{3ij}} Y_{ijk}$

En remplaçant (2.7) et (2.9) dans (2.6), et (2.6) dans (2.5), il vient

$$
\begin{aligned}
E\left(V(\hat{Y}|S_1)\right) &= E\left(\sum_{i\in S_1} \frac{1}{\pi_i^2}\left(\frac{N_i(N_i - n_i)}{n_i}\frac{1}{N_i-1}\sum_{j=1}^{N_i}\left(Y_{j|i} - \bar{Y}_i\right)^2 \right.\right.\\
&\quad \left.\left. + \sum_{j=1}^{N_i} \frac{1}{\pi_{j|i}}\left(\frac{N_{j|i}\left(N_{j|i} - n_{j|i}\right)}{n_{j|i}}\frac{1}{N_{j|i}-1}\sum_{k=1}^{N_{j|i}}\left(Y_{ijk} - \bar{Y}_{j|i}\right)^2\right)\right)\right)\\
&= E\left(\sum_{i=1}^{N} \frac{1}{\pi_i^2}\left(\frac{N_i(N_i - n_i)}{n_i}\frac{1}{N_i-1}\sum_{j=1}^{N_i}\left(Y_{j|i} - \bar{Y}_i\right)^2 \right.\right.\\
&\quad \left.\left. + \sum_{j=1}^{N_i} \frac{1}{\pi_{j|i}}\left(\frac{N_{j|i}\left(N_{j|i} - n_{j|i}\right)}{n_{j|i}}\frac{1}{N_{j|i}-1}\sum_{k=1}^{N_{k|ij}}\left(Y_{ijk} - \bar{Y}_{j|i}\right)^2\right)\right)\delta_i\right)\\
&= \sum_{i=1}^{N} \frac{1}{\pi_i^2}\left(\frac{N_i(N_i - n_i)}{n_i}\frac{1}{N_i-1}\sum_{j=1}^{N_i}\left(Y_{j|i} - \bar{Y}_i\right)^2 \right.\\
&\quad \left. + \sum_{j=1}^{N_i} \frac{1}{\pi_{j|i}}\left(\frac{N_{j|i}\left(N_{j|i} - n_{j|i}\right)}{n_{j|i}}\frac{1}{N_{j|i}-1}\sum_{k=1}^{N_{k|ij}}\left(Y_{ijk} - \bar{Y}_{j|i}\right)^2\right)\right)E\left(\delta_i\right)\\
&= \sum_{i=1}^{N} \frac{1}{\pi_i}\left(\frac{N_i(N_i - n_i)}{n_i}\frac{1}{N_i-1}\sum_{j=1}^{N_i}\left(Y_{j|i} - \bar{Y}_i\right)^2 \right.\\
&\quad \left. + \sum_{j=1}^{N_i} \frac{1}{\pi_{j|i}}\left(\frac{N_{j|i}\left(N_{j|i} - n_{j|i}\right)}{n_{j|i}}\frac{1}{N_{j|i}-1}\sum_{k=1}^{N_{k|ij}}\left(Y_{ijk} - \bar{Y}_{j|i}\right)^2\right)\right),
\end{aligned}
$$

$$(2.11)$$

car $E\left(\delta_i\right) = \pi_i$, où $\delta_i = 1$ si la ville i est tirée et $\delta_i = 0$ sinon.

En définitive, la variance de l'estimateur $\hat{Y}$ du total Y est obtenue en sommant (2.3) et (2.11) ; ainsi, (2.1) devient

$$
\begin{aligned}
V\left(\hat{Y}\right) =\ & \sum_{i=1}^{N} \frac{Y_i^2}{\pi_i}\left(1 - \pi_i\right)) + \sum_{i=1}^{N}\sum_{\substack{l=1 \\ l\neq i}}^{N} \frac{Y_i Y_l}{\pi_i \pi_l}\left(\pi_{il} - \pi_i \pi_l\right) \\
& + \sum_{i=1}^{N} \frac{1}{\pi_i}\left(\frac{N_i\left(N_i - n_i\right)}{n_i}\frac{1}{N_i - 1}\sum_{j=1}^{N_i}\left(Y_{j|i} - \bar{Y}_i\right)^2\right) \\
& + \sum_{i=1}^{N} \frac{1}{\pi_i}\left(\sum_{j=1}^{N_i} \frac{1}{\pi_{j|i}}\left(\frac{N_{j|i}\left(N_{j|i} - n_{j|i}\right)}{n_{j|i}}\frac{1}{N_{j|i} - 1}\sum_{k=1}^{N_{j|i}}\left(Y_{ijk} - \bar{Y}_{j|i}\right)^2\right)\right).
\end{aligned}
\tag{2.12}
$$

En utilisant l'approximation proposée par Deville en (1.10), les équations (2.4), (2.8) et (2.10), (2.12) peut être estimé par

$$
\begin{aligned}
\hat{V}\left(\hat{Y}\right) =\ & \frac{1}{1 - \sum_{i\in S_1} a_i^2}\sum_{i\in S_1}\left(1 - \pi_i\right)\left(\frac{\hat{Y}_i}{\pi_i} - A\right)^2 \\
& + \sum_{i\in S_1} \frac{1}{\pi_i^2}\left(\frac{N_i\left(N_i - n_i\right)}{n_i}\frac{1}{n_i - 1}\sum_{j\in S_{2i}}\left(\hat{Y}_{j|i} - \bar{\hat{Y}}_i\right)^2\right) \\
& + \sum_{i\in S_1} \frac{1}{\pi_i^2}\left(\sum_{j\in S_{2i}} \frac{1}{\pi_{j|i}^2}\left(\frac{N_{j|i}\left(N_{j|i} - n_{j|i}\right)}{n_{j|i}}\frac{1}{n_{j|i} - 1}\sum_{k\in S_{3ij}}\left(Y_{ijk} - \hat{\bar{Y}}_{j|i}\right)^2\right)\right),
\end{aligned}
\tag{2.13}
$$

où

$$
\hat{Y}_i = \sum_{j=1}^{n_i}\sum_{k=1}^{n_{j|i}} \frac{Y_{ijk}}{\pi_{j|i}\pi_{k|i,j}},
$$

$$
a_i = \frac{1 - \pi_i}{\sum_{i'\in S_1}\left(1 - \pi_{i'}\right)},
$$

$$
A = \sum_{i\in S_1} a_i \frac{\hat{Y}_i}{\pi_i},
$$

$$
\hat{Y}_{j|i} = \sum_{k=1}^{n_{j|i}} \frac{Y_{ijk}}{\pi_{k|i,j}},
$$

$$
\bar{\hat{Y}}_i = \frac{1}{n_i}\sum_{j=1}^{n_i}\hat{Y}_{j|i}, \text{ et}
$$

$$
\hat{\bar{Y}}_{j|i} = \frac{1}{n_{j|i}}\sum_{k\in S_{3ij}} Y_{ijk}.
$$

L'expression (2.13) de l'estimateur de la variance d'un estimateur s'interprète en termes de contribution de chaque degré de tirage à la variance. Le premier terme de (2.13) est l'estimateur de la variance du total calculé sur les UP ; le deuxième terme est l'estimateur de la variance du total calculé sur les US ; et le troisième terme est l'estimateur de la variance du total calculé sur les UT.

Bien que ne faisant pas partie des résultats attendus d'ECAM II, l'estimation des totaux a été faite dans le cadre d'une meilleure lisibilité des indicateurs produits par ECAM II. De plus, ces totaux interviennent généralement dans l'estimation des indicateurs complexes.

Un total estimé par ECAM II est la population par strate et la population totale en 2001. En considérant Y comme une variable indiquant le nombre d'individus résidant dans un ménage, une estimation de variance de la population par strate peut être faite selon l'expression obtenue en (2.13). La variante de la population totale est estimée en combinant (2.13) et (1.12) où la variance à l'intérieur des strates est calculée à partir de l'expression (2.13).

Précision des estimateurs complexes

Dans le cas des estimateurs complexes, la méthode de linéarisation est utilisée et l'estimateur de la variance de l'estimateur est approché par l'expression (2.13) appliquée sur la linéarisée de l'estimateur.

Cas d'un ratio

Ainsi, en considérant la moyenne d'un domaine, par exemple la consommation moyenne des hommes chefs de ménage, qui s'écrit comme un ratio

$$R = \frac{T_Y}{T_X},$$

où T_Y et T_X sont respectivement des totaux des variables Y pour la consommation totale des hommes et X pour le nombre d'hommes. L'estimateur de Horwitz et Thomson de R est

$$\hat{R}_\pi = \frac{\hat{t}_{\pi,Y}}{\pi, X}$$

et sa linéarisée

$$\hat{z}_k = \frac{1}{\hat{t}_{\pi,X}} \left(Y_k - \hat{R}_\pi X_k \right).$$

Un estimateur de la variance dans une strate est donnée par (2.13) qui est appliquée sur le total de $\hat{z}$.

Cas de l'indice de GINI

Dans le cas de l'indice de Gini, le revenu est représenté par la dépense de consommation totale du ménage. Cette dépense de consommation comprend les dépenses alimentaires, non alimentaires et le solde des transferts. Le rang de chaque ménage est approché par un estimateur de type Horvitz et Thomson, soit

$$\hat{r}\left(k'\right) = \sum_{k'' \in S} w_{k''} 1_{Y_{k''} < Y_{k'}}.$$

Chaque terme de l'expression (2.13) correspond ainsi à un estimateur de Horvitz et Thomson de la vraie valeur dans l'indice de Gini. La linéarisée de cette expression est calculée en (1.15). Son estimateur est

$$
\hat{lin}_k(G) = \frac{2\left(Y_k r(k) + \sum\limits_{k' \in S} w_{k'} 1_{Y_{k''} < Y_{k'}} Y_{k'}\right) - Y_k - \left(G\left(\hat{M}\right) + 1\right)\left(\sum\limits_{k' \in S} w_{k'} Y_{k'} + (\sum\limits_{k' \in S} w_{k'}) Y_k\right)}{(\sum\limits_{k' \in S} w_{k'})(\sum\limits_{k' \in S} w_{k'} Y_{k'})},
$$

où les w_k sont les inverses des probabilités d'inclusion et

$$
G(\hat{M}) = frac \sum_{k' \in S} (2\hat{(r)}_{(k')} - 1) w_{k'} Y_{k'} \sum_{k' \in S} w_{k'} \sum_{k' \in S} w_{k'} Y_{k'} - 1.
$$

Cas de l'indice d'Atkinson

En ce qui concerne l'indicateur d'Atkinson, dans le cas où $a = 0$, l'estimateur utilisé introduit la fonction logarithme pour éviter l'apparition des termes très grands lors du produit des dépenses des ménages. Cette variante s'écrit

$$
A_0(\hat{M}) = 1 - exp\left(log\left(\hat{\bar{Y}}\right) + \frac{1}{a}\sum_{k' \in S} log\left(Y_{k'}\right)\right). \tag{2.14}
$$

Les estimateurs des linéarisées d'Atkinson devant permettre le calcul de la variance sont pour $a \neq 0$:

$$
\hat{lin}_k\left(A_a\right) = \frac{1 - a_0\left(\hat{M}\right)}{N}\left(\frac{Y_k}{\hat{\bar{Y}}} - 1 - \frac{1}{a}\left(\frac{NY_k^a}{\sum_{k' \in S} w_{k'} Y_{k'}^a} - 1\right)\right) \tag{2.15}
$$

et pour $a = 0$:

$$
\hat{lin}_k\left(A_0\right) = \frac{1 - A_0\left(\hat{M}\right)}{N}\left(\frac{Y_k}{\hat{\bar{Y}}} - 1 - log\left(Y_k\right) + \frac{\sum_{k' \in S} w_{k'} log(Y_{k'})}{N}\right) \tag{2.16}
$$

2.2.2 Méthode de réplication par le Jackknife

Pour calculer le Jacknife de chaque estimateur, la méthodologie utilisée est proche de celle mise en œuvre dans l'EDSC III. Les grappes sont ici remplacées par les villes. Ainsi, le Jackknife est calculé sur 132 villes. Les expressions des estimateurs, du biais et de la variance sont celles tirées de Bontempi[5] et présentées dans le cadre théorique

2.2.3 Estimation de la variance avec prise en compte des données manquantes

Cas des non réponses totales

S'agissant des non réponses totales et des questionnaires rejetés ou incomplets (l'enquête est complète pour un ménage si les sections 00 à 15 sont toutes fournies et si la section 15 contient les dépenses quotidiennes pour au moins 10 jours sur les 15 requis en milieux urbain et sémi-urbain), leur taux est de 4,9%. La répartition par montre que les taux les plus élevés sont dans les provinces du Sud-Ouest (12,9).La bonne qualité de l'enquête (le taux de non-réponse prévue était de 5%) s'explique par le succès des campagnes de sensibilisation auprès des ménages, la flexibilité de la procédure de remplacement, et la forte motivation des agents enquêteurs dont la prime de fin de contrat était liée à leur rendement.

Cas des non réponses partielles

Pour des variables quantitatives La méthodologie qui est mise en œuvre est proche de celle proposée par Münnich et Rässler[19]. Dans un premier temps, nous simulons m tableaux de données à partir de la méthode MCMC ; pour chaque tableau de données, un estimateur de Horvitz et Thomson est calculé ; une moyenne des estimateurs permet d'estimer le paramètre d'intérêt ; la variance est décomposée en :

- variance intra-tableaux qui est la moyenne des variances obtenues dans chaque tableau par l'estimateur analytique ou l'estimateur de réplication et
- variance inter-tableau qui variance des estimateurs du paramètre d'intérêt sur chaque tableau.

Formellement, soient

m : le nombre de simulations indépendantes réalisées,

$\hat{T}_{MCMC}^{k}$: estimateur de Horwitz-Thompson,

Y_{abs} : ensemble des variables ayant des données observées,

Y_{man} : ensemble des variables ayant des données manquantes

T : une statistique et

$\hat{T}$ un estimateur.

On a

$$\hat{T}_{MCMC}^{(k)} = \hat{T}\left(Y_{obs}, Y_{man}^{(k)}\right)$$

et sa variance

$$V\left(\hat{T}_{MCMC}^{(k)}\right) = V\left(\hat{T}\left(Y_{obs}, Y_{man}^{(k)}\right)\right)$$

où $k = 1$ à m.

L'estimateur final T est

$$\hat{T}_{MCMC} = \frac{1}{m}\sum_{k=1}^{m}\hat{T}_{MCMC}^{(k)}$$

et sa variance est estimée par

$$\hat{V}\left(\hat{T}_{MCMC}\right) = \hat{V}_{intra}\left(\hat{T}\right) + \frac{m+1}{m}\hat{V}_{inter}\left(\hat{T}\right)$$

où

$$\hat{V}_{intra}\left(\hat{T}\right) = \frac{1}{m-1}\sum_{k=1}^{m}\left(\hat{T}_{MCMC}^{(k)} - \hat{T}_{MCMC}\right)$$

et

$$\hat{V}_{inter}\left(\hat{T}\right) = \frac{1}{m}\sum_{k=1}^{m}V\left(\hat{T}_{MCMC}^{(k)}\right).$$

Seules deux variables quantitatives retenues dans l'étude ont été identifiées comme contenant des valeurs manquantes. Ceci provient du fait que par défaut dans les masques de saisie, les variables quantitatives sont initialisées à 0. Ces taux semblent être élevés pour être assimilés

TABLE 2.14 – Variables quantitatives et leurs valeurs initialisées

Libellé variable	Effectif manquant	Pourcentage
Consultation	4378	39,92%

à des valeurs manquantes dans l'enquête.

L'estimation des données manquantes par MCMC réalise (voir le listing en annexes ; tableau 3.5), a conduit à des résultats inacceptables qui ne pouvaient pas être validés et ne sont donc pas présentés.

Pour des variables qualitatives   La méthode de repondération est utilisé pour les variables qualitatives. Les taux de non-réponse enregistrés sont donnés dans le tableau 2.2

TABLE 2.15 – Variables qualitatives et leurs données manquantes

Libellé variable	Effectif manquant	Pourcentage
Membre du ménage membre d'une association	1	0,01
Paiement des frais non reglémentaire pour la scolarisation	25	0,23
Paiement des frais non reglémenataire pour les soins médicaux	18	0,16
Paiement des frais non reglémentaires pour autres services	17	0,15
Atteint du paludisme	26	0,24
Savoir lire et écrire	7	0,06
Membre du ménage membre d'une association	1	0,01

Pour une variable, le taux t de non réponse permet de corriger la probabilité d'inclusion du ménage dans la ZD. Ainsi, on obtient une nouvelle probabilité d'inclusion[6]

$$\pi'_{k|i,j} = pi_{k|i,j} * t$$

qui permet d'écrire l'estimateur de Horvitz et Thomson et de calculer de sa précision.

Les taux de non-réponses obtenus ont conduit à de très faibles corrections qui n'ont pas modifié les résultats.

2.3   Autres indicateurs dérivés du calcul de précision

A partir d'un estimateur et de l'estimation de sa variance, plusieurs autres indicateurs peuvent être calculés pour apprécier la qualité de la précision.En considérant θ un paramètre, $\hat{\theta}$ son estimateur et $\hat{\sigma}$ la racine carrée de l'estimateur de la variance de θ, on peut définir le coefficient de variation, l'effet de sondage, l'effet de grappe et l'intervalle de confiance.

2.3.1   Coefficient de variation ou CV

Le CV est le rapport de l'estimateur de l'écart-type d'un estimateur sur cet estimateur ; il est donné par la formule

$$CV = \frac{\hat{\sigma}}{\hat{\theta}}.$$

Plus le coefficient de variation est petit, plus les différentes valeurs prises par l'estimateur sont proches.

2.3.2   Effet de sondage

L'*Effet de sondage* ou *design effect (DEFF)* est calculé comme le rapport entre l'estimation de la variance dans le cas d'un sondage complexe et l'estimation de la variance calculée comme si l'échantillon avait été tiré par un SAS [2]. La racine carrée de l'effet de sondage (REPS)revèle dans quelle mesure le plan de sondage mis en œvre se rapproche d'un échantillon aléatoire simple . Une valeur supérieure à 1 indique un accroissement de l'erreur de sondage dû à un plan de sondage complexe moins efficace au point de vue statistique. Le REPS est encore appelé coefficient multiplicateur de l'intervalle de confiance d'un SAS.

2.3.3   Effet de grappe

L'effet de grappe est mesuré par le coefficient de corrélation inter-grappe qui a été developpé dans le cadre théorique de ce travail ; Il est déduit de l'efet de sondage en utilisant la formule[2]

$$Eff.grappe = \frac{DEFF - 1}{nb.moy.US - 1}$$

où $DEFF$ est l'effet de sondage et $nb.moy.US$ le nombre moyen de ménages par ville. Pour calculer l'effet de grappe, nous supposons que les unités primaires sont les villes et que les unités secondaires sont les ménages afin de nous rammener à un tirage à deux degrés.

2.3.4   Intervalle de confiance

L'intervalle de confiance est calculé pour un niveau de maximal de 0,95 en utilisant le fractile z de la loi normale. Comme cette loi est symétrique, la borne inférieure de l'intervalle de confiance est donné par

$$Min.IC = \hat{\theta} - z\hat{\sigma},$$

et sa borne supérieure est donné par

$$Max.IC = \hat{\theta} + z\hat{\sigma}.$$

CHAPITRE 3

RÉSULTATS ET INTERPRÉTATION

Les codes nécessaires aux différents calculs ont été pour l'essentiel écrits à l'aide du logiciel statistique R.

Les coefficeint d'extrapolation sont disponibles pour chaque ménage enquêté lors d'ECAM II. Par contre, nous n'avons pas pu rentrer en possession des probabilités d'inclusion pour les plans de sondage mis en œuvre à chaque degré. Ces probabililtés d'inclusion sont indispensables pour le calcul de la contribution de chaque degré à la précision totale dans le cas de l'utilisation de la formule analytique. Les coefficients d'extrapolation disponibles étant insuffisants pour dériver ces probabilités d'inclusion, nous avons estimé ces dernières en formulant les hypothèses suivantes :

- Chaque ZD est supposée contenir 300 ménages ; la probabilité d'inclusion d'un ménage connaissant la ZD et la ville est calculée comme le rapport du nombre de ménages tirés dans la ZD sur 300 ;
- La probabilité d'inclusion d'une ville est égale à l'effectif des ménages tirés dans la ville divisé par le nombre total de ménages tirés dans la strate ;
- La probabilité d'une ZD est calculée comme résidu en divisant la probabilité d'inclusion du ménage (inverse du coefficient d'extrapollation) par le produit de la probabilité d'inclusion de la ville et de la probabilité d'inclusion du ménage sachant la ville et la ZD.

La présentation des résultats et leur interprétation s'articulent autour des quatre thèmes retenus dans le calcul de la précision des indicateurs d'ECAM II. Les variables utilisées sont d'abord explorées pour apprécier la qualité des données collectées, leur précision est ensuite calculée en utilisant les expressions analytiques. Une première section présente la précision de l'estimation du nombre total de ménages au Cameroun en 2001.

3.1 Estimation du nombre total de ménage

Le jackniffe a été testé sur l'estimation de la variance du nombre de ménage par construction d'une variable unité. Les résultats du tableau 3.5 montrent que les intervalles de confiance obtenus à partir d'une forme analytique et d'une réplication par le Jackniffe se chevauchent ; ils montrent aussi que l'estimateur Horvitz et Thomson appartient à l'intervalle de confiance obtenu par Jackniffe, et, l'estimateur Jackniffe appartient à l'intervalle de confiance fourni par la forme analytique ; les valeurs du total des effectifs des ménages obtenues par l'estimateur de Horvitz et Thomson et l'estimateur Jackniffe ne sont donc pas statistiquement différentes.

3.2   Capital humain

Il regroupe les variables relatives à l'éducation et à la santé. L'éducation est appréhendée par l'alphabétisation (s02q11a) et le niveau d'instruction le plus élevé du ménage (s03q10). La santé est caractérisée par la prévalence du paludisme (s02q11a), les dépenses en médicaments (pharma) et dépenses en consultation (consult). Les résultats des estimations figurent en annexes dans les tableaux 3.3 à 3.5. Comme prévue dans le cadre théorique, la contribution des degrés de tirage va décroissant des unités primaires vers les unités tertiaires. Dans l'ensemble, les coefficients de variation sont faibles (moins de 0,5%) pour toutes les variables, traduisant une faible dispersion des ratios. L'effet de grappe est positif, ce qui reflète une similitude entre les ménages. Cet effet de grappe est plus élevé dans le calcul de la précision des domaines, ce qui laisse suggérer un effet taille positif. Les intervalles de confiance obtenus en mettant en œuvre le plan de sondage d'ECAM II sont au moins 4 fois plus grand que ceux obtenus dans le cas d'un tirage du même échantillon avec un sondage aléatoire simple. La relation positive la REPS et ρ est confirmée par les résultats : les variables ayant des effets de grappe elevés ont une variance très supérieure à celle d'un SAS.

Les écarts types de l'estimation du ratio dans les domaines sont en général plus grands corroborant ainsi l'effet de grappe plus élevé que dans l'ensemble déjà observé. Les variances dans le domaine défini par les femmes chefs de ménages sont en général plus grandes que celles calculées dans le domaine défini par les hommes chefs de ménages.

Les intervalles de confiance obtenus par une replication Jackniffe sont plus petits que ceux dérivant de la forme analytique. Ceci conduit au fait que les estimateurs Jackniffe appartiennent souvent à l'intervalle de confiance dérivé de la forme analytique alors que l'inverse n'est jamais vraie. Même si le biais est petit, il est souvent difficile de se prononcer sur l'égalité entre les deux estimateurs au vue des intervalles de confiance de chacun. Cette difficulté est prononcée lorsque une proportion est estimée et sutout dans l'estmation de domaine pour les femmes. Par contre, les interprétations sont plus tranchées dans la comparaison des variables de santé entre elles à l'aide des intervalles de confiances. Ainsi, avec un risque maximal de 5%, les dépenses en achat de médicaments sont supérieurs à celles allouées au consultations dans l'ensemble et dans les domaines. Dans l'éducation, la replication Jackniffe valide toutes les différences observées entre les proportions estimées, alors les IC de la forme analytiques sont plus large et permettent uniquement de distinguer les sans niveau comme les plus nombreux et les diplômés du supérieur commme les moins nombreux.

La comparaison des estimateurs de domaine montre : que les femmes ont une incidence du paludisme supérieure à celle des hommes ; qu'elles sont moins alphabétisées et moins scolarisées à tous les niveaux d'enseignement que les hommes ; mais qu'elles dépensent aussi bien que les hommes en médicaments et en frais de consultations.

3.3   Pauvreté monétaire

La pauvreté, vue sous l'angle monétaire, est surtout appréhendée par la fraction des ménages vivant en dessous d'un certain seuil. En 2001, L'ECAM II a ainsi calculé un seuil de pauvreté alimentaire (151 398 F CFA), un seuil de pauvreté non alimentaire (81 149 F CFA) et un seuil de pauvreté globale (232 547 F CFA). En construisant une indicatrice qui prend la valeur 1 si le ménage a une consommation en dessous du seuil correspondant et 0 sinon, les précisions des taux de pauvreté alimentaire, non alimentaire et globale ont été calculées dans les tableaux 3.6 à 3.10. De nouveau, ces calculs aboutissent à l'estimation de la précision d'un ratio par linéarisation. Les coefficients de variation sont d'un ordre de grandeur inférieur à l'unité, donc une faible dispersion de la distribution des totaux des variables de pauvreté monétaire ; la pauvreté globale est la variable la plus dispersée avec un coefficient de variation de 0,2% et un coefficient multiplicateur de l'intervalle de confiance d'un SAS de 5,6.

Cette analyse de la pauvrete monétaire est complétée par le calcul de la précision de l'estimateur du Coefficient de Gini et d'Atkinson. La contribution du troisième degré est nulle dans le coefient d'Atkinson. Les coefficients de variation de ces deux indices sont tous inférieurs à l'unité. Leur variance calculée dans le cas d'un SAS est nulle ce qui ne permet pas de disposer de l'effet de grappe et du coefficient de multiplication de l'intervalle de confiance. Le taux de pauvreté, l'indice de Gini et le coefficient d'Atkinson ne sont pas significativement différent.

Les intervalles de confiance obtenus à partir des formes analytiques des estimateurs de la variance acceptent l'hypothèse d'une égalité des taux de pauvreté entre les hommes et les femmes alors que cette hypoyèse est rejetée par la méthode de réplication par le Jackniffe.

La question que l'on peut se poser est comment évolue la précision du taux de pauvreté lorsqu'on dimunie la taille de l'échantillon ? Pour calculer l'effet de grappe(ρ), nous nous sommes ramené à un tirage à deux degrés où les ménages sont directement tirés dans les villes. Supposons que le nombre de ménages (unité secondaire dans la simulation) tirés par ville soit divisé par 2 et que le nombre de villes (unité primaire dans la simulation) soit multiplié par 2, ce qui laisse inchangé le nombre total de ménages tirés. Pour effectuer la simulation, nous supposons que l'effet de grappe ne change pas [4] d'après l'hypothèse de portabilité de l'effet de grappe[2]. pour calculer $\rho = 0,4035$, on a pris $m = 132$ (nombre de villes) et $n = 83,27$ (nombre moyen de ménages par ville). La variable Y qui indique si un ménage est pauvre ou non pauvre est modélisée par une variable aléatoire binomiale qui prend 1 si le ménage est pauvre avec la probabilité p et 0 si le ménage n'est pas pauvre avec la probabilité $1 - p$. Sa variance est $p(1 - p)$ et un estimateur de cette variance est

$$\hat{S}^2 = \hat{p}(1 - \hat{p})$$

où $\hat{p}\%$ est le taux de pauvreté. Cet estimateur est l'estimateur du ratio du total des pauvres au total des effectifs des ménages. Avec $\hat{p} = 30,1\%$, On trouve $\hat{S}^2 = 0,21$. En appliquant la formule (1.5)[1] avec comme hypothèse $\hat{S}^2$ ne change pas[2], on trouve que $Ecart - type(\hat{p}) = 0,0182$ qui représente une baisse 24,7% de l'estimateur de l'écart-type du taux de pauvreté calculé. Si le nombre de villes tirées est multiplié par 2 ($m = 264$) et le nombre de ménages tirés par ville est divisé par 4 ($n = 20,8175$), on trouve $Ecart-type(\hat{p}) = 0,0185$ qui représente une réduction de 23,4% de la précision pour un échantillon de 5 496 ménages (soit pratiquement la moitié de l'échantillon tiré par ECAM II). Lorque le nombre de ménages tirés par ville est réduit de moitié et que le nombre de villes tirés est inchangé, la précison se dériore de 6,5% seulement.

---

1. En fait on applique

$$V(\hat{p}) = \frac{\hat{S}^2}{m\overline{n}}\left(1 + \rho\left(\overline{n} - 1\right)\right).$$ (3.1)

2. ceci est en réalité faux car les probabilités d'inclusion sont modifiées.

3.4   Vulnérabilité

Trois groupes de variables ont permis d'appréhender la vulnérabilité des ménages. Ces groupes sont la possession des commodités, la possession|exploitation d'une terre et l'appartenance à un groupe associatif. Les résultats des estimations sont consignés dans les tableaux 3.5 à 3.13.

Les items relatifs à la possession de commodité ont été regroupés en possession de moyens de télécommunication, possession de moyen de communication, possession de matériel moderne de cuisson, possession d'autres biens de luxe tels que ventilateur, fer à repasser, etc. Chaque groupe est représenté par une variable indicatrice qui prend la valeur 1 si le ménage possède au moins un item du groupe et 0 sinon. Ce procédé ramène donc l'estimateur des taux de possession à l'estimation d'un ratio comportant au numérateur le total de ménages possédant l'un au moins des items et au dénominateur le nombre total des ménages. Ce calcul est prolongé dans les domaines en se restreignant aux individus du domaine. Dans l'ensemble, l'appartenance à un groupe associatif, la possession d'un moyen de télécommunication et la possession d'une terre sont les variables de vulnérabilité les moins dispersées. La précision etimée par la méthode de réplication est pratiquement nulle pour toutes les variables.

Les résultats du tableau 3.5 permettent de dresser une hiérarchie des commodités disponibles chez les ménages car les intervalles de confiance sont disjoints ; Ainsi, les ménages préfèrent les matériels de télécommunication, ensuite les matériels de cuisson et enfin les matériels de communication. Cette hirarchie est nuancée dans le domaine des femmes chefs de ménages (tableau 3.5) où les estimateurs des taux de possession des matériels de télécommunication et des matériels de cuisson ne sont pas significativement différents. La comparaison par genre montre que les ménages dont le chef est homme possèdent plus de matériels de télécommunication et de cuisine que les ménages dirigés par les femmes.

3.5   Bonne gouvernance

La bonne gouvernance est mesurée par le paiement des frais non reglémentaires pour la scolarisation, pour les soins médicaux, pour autres services et le paiement volontaire de frais à un agent des forces de l'ordre. Les résultats des estimations sont consignés dans les tableaux 3.14 à 3.16. Les coefficients de variation sont tous inférieurs 1%.∗ ; les effets de grappe se situent autour de 0,3 et les intervalles de confiance obtenus sont tous plus de trois fois supérieurs à l'intervalle de confiance obtenu dans le cas d'un SAS. Les valeurs des estimations des proportions des ménages se livrant aux pratiques de paiement volontaire de frais non reglémentaires sont toutes statistiquement non nulles. Le paiement non reglémentaire de frais pour accéder au services de santé pourrait être la forme prépondérante ; il est plus pratiqué par les hommes que par le femmes. Si l'on se place du côté des hommes, les intervalles de confiance ne contiennent aucune valeur des proportions correspondantes estimées chez les dames, excepté les frais non réglementaires pour la scolarisation. La situation est identique si l'on se place du côté des femmes. Il vient donc que les femmes se livrent moins au pratiques de mal gouvernance que les hommes.

CONCLUSION ET PERSPECTIVES

En plus des ojectifs pédagogiques visant entre autres l'aplication des enseignements reçus pendant la formation en master de de statistique, le présent stage s'est proposé d'une part de parachever le plan de sondage retenu dans ECAM II en proposant une méthodlogie de calcul des estimateurs complexes retenus dans cette enquête et en l'appliquant aux données collectées en 2001. Ce plan de sondage était une stratification préalable du territoire avant un tirage à trois degrés.

La méthodologie mise en œuvre s'appuie sur les travaux antérieurs dans le domaine des sondages qui pour la plupart, soit s'arrêtent ou se ramènent à un plan de sondage à deux degrés au plus, soit alors proposent des algorithmes, pour dériver la variance à trois dégrés avec probabilités inégales dans le tirage des unités primaires de l'estimateur d'un total. Ainsi, il a été possible, en utilisant un triple conditionnent de la variance combiné aux approximations des probabilités doubles d'obtenir une forme analytique de la variance d'un total dans le cas du plan de sondage d'ECAM II. Pour les estimateurs complexes tels que l'estimateur d'un ratio ou l'estimateur de l'indice de Gini, les techniques de linéarisation nous ont permis de nous ramener approximativement à l'estimation de la variance d'un total. Dans les cas des estimateurs de total et des estimateurs complexes, les méthodes de réplication à savoir le Jacknife permettent de conforter les résultats obtenus par les approximations analytiques ou de rejeter leur robustesse. La méthodologie proposée ici peut facilement être adaptée à d'autres types d'enquête réalisée à l'Institut National de la Statistique notamment, l'Enquête sur l'Emploi et le Secteur Informel réalisé en 2005 ou ECAM III à venir.

Les résultats ont été obtenus à l'aide des hypoyhèses supplémentaires pour l'estimation des probabilités d'inclusion à chaque degré de tirage faute de données sources ayant permis le tirage des arrondissements et des zones de dénombrement. Cependant, les programmes informatiques en code R sont accessibles pour une nouvelle compilation des données dès la diponiblté des probabilités d'inclusion pour l'obtention des estimations plus robustes.

L'un des principaux résultats est issus d'une simulation qui a permis de montrer qu'il est possible de réduire la taille de l'échantillon d'ECAM II de moitié sans détériorer la variance de l'estimateur de taux de pauvreté. En ce qui concerne les quatre thèmes abordés par l'étude, la mise en exergue des intervalles de confiance aussi bien à partir des formes analytiques de la variance que de la méthode de réplication a permis de valider ou de rejeter certaines hypothèses. Ainsi, nous avons pu dégager une hiérarchie des commodités qui va du matériel de télécommunication au matériel de communication en passant par le matériel de cuisson.

Mais, cette hierarchie est nuancée lorque le genre intervient. De même, à partir des données disponibles, il est apparu que les femmes se livrent moins que les hommes à des pratiques de mal gouvernance.

En termes de perspectives, il peut être envisager de prolonger le calcul de la variance pour les taux de pauvreté avec un seuil de pauvreté endogenéigé. Le seuil de pauvreté en lui même peut constituer un pan de la recherche pour le calcul de la précision ; en effet, il est calculé à la fois à partir des données collectées dans ECAM II mais aussi à partir des prix relévés dans les différents points de vente de certaines localités du pays. L'enjeux serait alors de consolider les deux plans de sondage pour le calcul de la variance du seuil de pauvreté. De même, les propriétés de l'estimateur de la variance proposée dans la recherche d'une forme analytique n'ont pas été explorées. Des études ultérieures pourraient étudier notamment le biais et l'efficacité l'estimateur élaboré. Par ailleurs, la formule exacte de l'effet de grappe dans le cas d'un tirage à trois degrés doit être développée pour mieux prendre en compte le plan de sondage dans le calcul des effet de grappe. De même, pour réduire la variance, le plan de sondage dans sa phase d'allocation peut mettre en œuvre la technique de *n-way stratification* [22].

ANNEXES

TABLE 3.1 – Description des abréviation des lignes utilisés dans les tableaux

Code ligne	Libellé
est.HT	: Estimateur de Hurvitz et Thomson
SE.deg1	: Écart type de la Contribution du premier degré
SE.deg2	: Écart type de la Contribution du deuxième degré
SE.deg3	: Écart type de la Contribution du troisième degré
SE	: Écart type du total de la variable
CV(%)	: Coefficient de variation
SE.SAS	: Écart type dans le cas d'un sondage aléatoire simple
REPS	: Racine carré de l'effet de sondage
Effet.grap(rho)	: Effet de grappe
Min.IC	: Borne supérieure de l'IC de l'estimateur HT au risque 5%
Max.IC	: Borne inférieure de l'IC de l'estimateur HT au risque 5%
jack.HT	: Estimateur Jackniffe de Hurvitz et Thomson
jack_Biais	: Biais du Jackniffe
se.jack.HT	: Ecart-type de l'estimateur Jackniffe
Min.IC.jack	: Borne supérieure de lIC de l'estimateur Jackniffe au risque 5%
Max.IC.jack	: Borne inférieure de l'IC de l'estimateur Jackniffe au risque 5%

TABLE 3.2 – Précision de l'estimateur de l'effectif total des ménages

	unite
est.HT	3120935,6574
SE.deg1	288595,8518
SE.deg2	0,0013
SE.deg3	0
SE	261744,8055
CV(%)	8,3867
Min.IC	2607925,2655
Max.IC	3633946,0493
SE.SAS	0
REPS	Inf
Effet.grap(rho)	Inf
jack.HT	3115836,089
jack_Biais	0
se.jack.HT	6465,436
Min.IC.jack	3103164,067
Max.IC.jack	3128508,112

Précision des indicateurs du capital humain

palu	: part de ménage ayant été atteint par le paludisme ;
alpha	: part des ménages sachant lire et écrire ;
sans_niv	: part des ménages sans niveau d'instruction ;
prim	: part des ménages ayant effectué le cycle primaire ;
second	: part des ménages ayant effectué le cycle secondaire ;
sup	: part des ménages ayant effectué le cycle supérieur ;
pharma	: dépense moyenne en médicament par ménage ;
consult	: dépense moyenne en frais de consultation par ménage.

TABLE 3.3 – Précision des indicateurs du capital humain pour l'ensemble des ménages

	palu	alpha	sans_niv	prim	second	sup	pharma	consult
est.HT	0,141	0,643	0,322	0,328	0,286	0,064	52244,41	23498,817
SE.deg1	0,008	0,027	0,025	0,012	0,018	0,01	4477,181	3368,618
SE.deg2	0,007	0,013	0,013	0,012	0,013	0,009	4901,028	5790,115
SE.deg3	0,004	0,005	0,005	0,006	0,005	0,002	1383,831	1248,442
SE	0,01	0,028	0,026	0,016	0,022	0,014	6652,199	6770,017
CV(%)	0,074	0,043	0,08	0,05	0,076	0,212	0,127	0,288
Min.IC	0,121	0,589	0,272	0,296	0,243	0,038	39206,338	10229,826
Max.IC	0,162	0,697	0,372	0,36	0,328	0,091	65282,481	36767,807
SE.SAS	0,003	0,003	0,003	0,003	0,003	0,002	1334,614	928,426
REPS	4,116	8,284	7,912	4,898	6,31	6,986	4,984	7,292
Effet.grap(rho)	0,194	0,822	0,749	0,279	0,472	0,581	0,29	0,634
jack.HT	0,141	0,644	0,321	0,328	0,286	0,065	52508,695	23632,173
jack_Biais	0	-0,001	0,001	0	-0,001	0	-264,285	-133,357
se.jack.HT	0	0	0	0	0	0	46,126	30,974
Min.IC.jack	0,141	0,644	0,321	0,327	0,286	0,065	52418,289	23571,466
Max.IC.jack	0,141	0,645	0,322	0,328	0,287	0,065	52599,101	23692,881

TABLE 3.4 – Précision des indicateurs du capital humain pour le domaine des femmes chefs de ménage

	palu	alpha	sans_niv	prim	second	sup	pharma	consult
est.HT	0,186	0,498	0,454	0,284	0,23	0,032	45306,79	19970,986
SE.deg1	0,009	0,031	0,029	0,012	0,022	0,009	4150,846	3209,097
SE.deg2	0,015	0,022	0,022	0,024	0,022	0,008	8552,642	5113,571
SE.deg3	0,009	0,009	0,01	0,01	0,008	0,003	2140,075	1661,198
SE	0,018	0,037	0,036	0,027	0,03	0,013	9671,91	6155,445
CV(%)	0,099	0,075	0,079	0,095	0,131	0,392	0,213	0,308
Min.IC	0,15	0,425	0,383	0,231	0,171	0,007	26350,196	7906,536
Max.IC	0,223	0,572	0,525	0,337	0,289	0,057	64263,385	32035,436
SE.SAS	0,007	0,01	0,009	0,009	0,009	0,004	4761,727	1577,222
REPS	2,47	3,926	3,833	3,074	3,463	3,506	2,031	3,903
Effet.grap(rho)	0,262	0,74	0,703	0,434	0,565	0,58	0,161	0,731
jack.HT	0,127	0,689	0,28	0,341	0,304	0,075	54711,465	24746,194
jack_Biais	0	-0,001	0,001	0,001	-0,001	0	-297,068	-143,922
se.jack.HT	0	0	0	0	0	0	50,853	33,255
Min.IC.jack	0,127	0,689	0,28	0,341	0,303	0,075	54611,796	24681,016
Max.IC.jack	0,127	0,69	0,281	0,341	0,304	0,075	54811,135	24811,372

TABLE 3.5 – Précision des indicateurs du capital humain pour le domaine des hommes chefs de ménage

	palu	alpha	sans_niv	prim	second	sup	pharma	consult
est.HT	0,127	0,688	0,281	0,342	0,303	0,075	54414,397	24602,271
SE.deg1	0,009	0,028	0,026	0,014	0,019	0,011	4843,618	3559,794
SE.deg2	0,009	0,017	0,016	0,015	0,016	0,011	5383,583	7119,773
SE.deg3	0,004	0,005	0,005	0,006	0,006	0,003	1631,238	1486,369
SE	0,012	0,03	0,028	0,02	0,024	0,015	7263,711	8053,642
CV(%)	0,092	0,044	0,099	0,058	0,079	0,207	0,133	0,327
Min.IC	0,104	0,629	0,226	0,303	0,256	0,044	40177,785	8817,423
Max.IC	0,15	0,748	0,335	0,38	0,35	0,105	68651,009	40387,12
SE.SAS	0,004	0,005	0,005	0,005	0,005	0,003	1736,774	1530,311
REPS	3,175	6,299	5,966	3,883	4,61	4,864	4,182	5,263
Effet.grap(rho)	0,147	0,624	0,558	0,227	0,327	0,366	0,266	0,431
jack.HT	0,127	0,689	0,28	0,341	0,304	0,075	54711,465	24746,194
jack_Biais	0	-0,001	0,001	0,001	-0,001	0	-297,068	-143,922
se.jack.HT	0	0	0	0	0	0	50,853	33,255
Min.IC.jack	0,127	0,689	0,28	0,341	0,303	0,075	54611,796	24681,016
Max.IC.jack	0,127	0,69	0,281	0,341	0,304	0,075	54811,135	24811,372

Précision des indicateurs de la pauvreté monétaire

depalim   : taux de pauvreté alimentaires ;
depnalim   : taux de pauvreté non alimentaires ;
deptot   : taux de pauvreté globale.

TABLE 3.6 – Précision des indicateurs de la pauvreté monétaire pour l'ensemble des ménages

	depalim	depnalim	deptot
est.HT	0,0813	0,039	0,301
SE.deg1	0,0085	0,0057	0,0201
SE.deg2	0,0058	0,0057	0,0151
SE.deg3	0,0034	0,0024	0,0053
SE	0,0098	0,0079	0,0242
CV(%)	0,1209	0,2021	0,0803
Min.IC	0,062	0,0235	0,2537
Max.IC	0,1005	0,0544	0,3484
SE.SAS	0,0023	0,0015	0,0041
REPS	4,2961	5,2528	5,8477
Effet.grap(rho)	0,2122	0,3232	0,4035
jack.HT	0,0811	0,0388	0,3002
jack_Biais	0,0002	0,0001	0,0008
se.jack.HT	0,0001	0,0001	0,0002
Min.IC.jack	0,0809	0,0387	0,2999
Max.IC.jack	0,0812	0,0389	0,3006

TABLE 3.7 – Précision des indicateurs de la pauvreté monétaire pour le domaine des femmes chefs de ménage

	depalim	depnalim	deptot
est.HT	0,1455	0,0883	0,2743
SE.deg1	0,0161	0,0131	0,0228
SE.deg2	0,0243	0,0114	0,0245
SE.deg3	0,0081	0,0063	0,0102
SE	0,0287	0,0164	0,0325
CV(%)	0,1974	0,1855	0,1183
Min.IC	0,0892	0,0562	0,2107
Max.IC	0,2018	0,1204	0,338
SE.SAS	0,0058	0,0044	0,008
REPS	4,9427	3,7567	4,0688
Effet.grap(rho)	1,2037	0,6736	0,7991
jack.HT	0,1453	0,0879	0,2738
jack_Biais	0,0002	0,0004	0,0006
se.jack.HT	0,0001	0,0001	0,0002
Min.IC.jack	0,145	0,0877	0,2734
Max.IC.jack	0,1456	0,0881	0,2742

TABLE 3.8 – Précision des indicateurs de la pauvreté monétaire pour le domaine des hommes chefs de ménage

	depalim	depnalim	deptot
est.HT	0,0612	0,0236	0,3093
SE.deg1	0,007	0,0043	0,0207
SE.deg2	0,0047	0,0053	0,0165
SE.deg3	0,0033	0,0022	0,006
SE	0,0082	0,0069	0,0255
CV(%)	0,1338	0,2935	0,0826
Min.IC	0,0451	0,01	0,2593
Max.IC	0,0772	0,0371	0,3594
SE.SAS	0,0024	0,0014	0,0048
REPS	3,4695	4,9932	5,3057
Effet.grap(rho)	0,1781	0,3862	0,4382
jack.HT	0,061	0,0235	0,3086
jack_Biais	0,0001	0,0001	0,0008
se.jack.HT	0,0001	0	0,0002
Min.IC.jack	0,0609	0,0234	0,3082
Max.IC.jack	0,0612	0,0236	0,309

TABLE 3.9 – Précision de l'estimateur de l'indicateur de GINI

	depalim	depnalim	deptot
est.HT.GINI	0.397	0.564	0.46
SE.deg1	0.141	0.126	0.14
SE.deg2	0.018	0.069	0.089
SE.deg3	0.005	0.008	0.012
SE	0.127	0.129	0.149
CV(%)	0.321	0.229	0.324
Min.IC	0.147	0.311	0.168
Max.IC	0.647	0.817	0.752

TABLE 3.10 – Précision de l'estimateur de l'indicateurs d'Atkinson

	depalim	depnalim	deptot
est.HT.ATKI		0.431	0.304
SE.deg1		0.03	0.017
SE.deg2		0.051	0.03
SE.deg3		0	0
SE		0.059	0.034
CV(%)		0.136	0.112
Min.IC		0.316	0.237
Max.IC		0.546	0.37

Précision des indicateurs de vulnérabilité

telecom   : part de manéges possédant un téléphone ;
commu   : part de ménages possédant un outil de communication ;
cuisson   : part de ménage possédant un outil moderne de cuissson ;
luxe   : part de ménage possédant d'autres bien de luxe ;
terre   : part de ménages exploitant une terre ;
asso   : part de ménage appartenant à une association.

TABLE 3.11 – Précision des indicateurs de vulnérabilité pour l'ensemble des ménages

	telecom	commu	cuisson	luxe	terre	asso
est.HT	0,573	0,188	0,368	0,41	0,59	0,574
SE.deg1	0,022	0,013	0,033	0,029	0,036	0,018
SE.deg2	0,011	0,012	0,015	0,012	0,009	0,017
SE.deg3	0,006	0,005	0,004	0,005	0,004	0,005
SE	0,023	0,016	0,035	0,03	0,036	0,023
CV(%)	0,041	0,084	0,095	0,072	0,061	0,04
Min.IC	0,527	0,157	0,3	0,352	0,52	0,529
Max.IC	0,619	0,219	0,436	0,468	0,66	0,619
SE.SAS	0,005	0,004	0,005	0,005	0,005	0,005
REPS	5,124	4,348	7,361	6,248	7,53	4,85
Effet.grap(rho)	0,307	0,218	0,646	0,462	0,677	0,274
jack.HT	0,574	0,188	0,37	0,412	0,588	0,574
jack_Biais	-0,001	0	-0,002	-0,002	0,002	-0,001
se.jack.HT	0	0	0	0	0	0
Min.IC.jack	0,574	0,188	0,369	0,411	0,587	0,574
Max.IC.jack	0,574	0,188	0,37	0,412	0,589	0,575

TABLE 3.12 – Précision des indicateurs de vulnérabilité pour le domaine des femmes chefs de ménage

	telecom	commu	cuisson	luxe	terre	asso
est.HT	0,403	0,04	0,343	0,333	0,531	0,598
SE.deg1	0,029	0,005	0,036	0,032	0,038	0,02
SE.deg2	0,025	0,012	0,024	0,026	0,026	0,026
SE.deg3	0,01	0,004	0,007	0,008	0,008	0,01
SE	0,038	0,013	0,043	0,041	0,045	0,032
CV(%)	0,095	0,332	0,124	0,123	0,084	0,053
Min.IC	0,328	0,014	0,26	0,253	0,444	0,536
Max.IC	0,478	0,066	0,427	0,413	0,618	0,661
SE.SAS	0,01	0,004	0,01	0,01	0,01	0,009
REPS	3,967	3,123	4,462	4,298	4,681	3,347
Effet.grap(rho)	0,757	0,45	0,971	0,898	1,074	0,524
jack.HT	0,404	0,04	0,345	0,335	0,529	0,599
jack_Biais	-0,001	0	-0,002	-0,001	0,001	-0,001
se.jack.HT	0	0	0	0	0	0
Min.IC.jack	0,403	0,04	0,344	0,334	0,529	0,599
Max.IC.jack	0,404	0,04	0,345	0,335	0,53	0,6

TABLE 3.13 – Précision des indicateurs de vulnérabilité pour le domaine des hommes chefs de ménage

	telecom	commu	cuisson	luxe	terre	asso
est.HT	0,626	0,234	0,376	0,434	0,609	0,566
SE.deg1	0,023	0,015	0,033	0,029	0,037	0,019
SE.deg2	0,011	0,015	0,018	0,013	0,013	0,018
SE.deg3	0,006	0,006	0,005	0,006	0,004	0,006
SE	0,023	0,02	0,036	0,03	0,037	0,024
CV(%)	0,037	0,084	0,096	0,07	0,061	0,043
Min.IC	0,581	0,196	0,305	0,375	0,536	0,518
Max.IC	0,672	0,273	0,446	0,494	0,681	0,614
SE.SAS	0,005	0,005	0,005	0,005	0,005	0,005
REPS	4,596	4,354	6,613	5,543	6,774	4,47
Effet.grap(rho)	0,325	0,29	0,69	0,48	0,724	0,306
jack.HT	0,627	0,234	0,377	0,436	0,607	0,566
jack_Biais	-0,001	0	-0,002	-0,001	0,002	-0,001
se.jack.HT	0	0	0	0	0	0
Min.IC.jack	0,627	0,234	0,377	0,435	0,606	0,566
Max.IC.jack	0,628	0,234	0,378	0,436	0,607	0,567

Précision des indicateurs de bonne gouvernance

scola   : part de ménages ayant payé des frais non réglementaire pour la scolarisation ;
medi   : part de ménages ayant payé des frais non réglementaire pour les soins médicaux ;
autres : part de ménages ayant payé d'autre frais non réglementaire ;
volon   : part des ménages ayant volontairement payé des frais à un agent des forces de l'ordre

TABLE 3.14 – Précision des indicateurs de bonne gouvernance pour l'ensemble des ménages

	scola	medi	autres	volon
est.HT	0,149	0,211	0,261	0,174
SE.deg1	0,011	0,017	0,015	0,01
SE.deg2	0,01	0,012	0,014	0,013
SE.deg3	0,004	0,004	0,005	0,005
SE	0,014	0,02	0,02	0,015
CV(%)	0,096	0,096	0,076	0,089
Min.IC	0,121	0,172	0,222	0,143
Max.IC	0,177	0,251	0,299	0,204
SE.SAS	0,004	0,004	0,004	0,004
REPS	4,064	5,143	4,653	4,379
Effet.grap(rho)	0,189	0,309	0,251	0,221
jack.HT	0,149	0,212	0,261	0,174
jack_Biais	0	-0,001	-0,001	0
se.jack.HT	0	0	0	0
Min.IC.jack	0,149	0,212	0,261	0,174
Max.IC.jack	0,149	0,212	0,261	0,174

TABLE 3.15 – Précision des indicateurs de bonne gouvernance pour le domaine des femmes chefs de ménage

	scola	medi	autres	volon
est.HT	0,14	0,175	0,163	0,092
SE.deg1	0,012	0,017	0,013	0,008
SE.deg2	0,019	0,022	0,022	0,015
SE.deg3	0,007	0,007	0,007	0,007
SE	0,022	0,028	0,026	0,018
CV(%)	0,16	0,158	0,158	0,189
Min.IC	0,096	0,121	0,113	0,058
Max.IC	0,184	0,229	0,214	0,127
SE.SAS	0,007	0,007	0,007	0,005
REPS	3,22	3,706	3,493	3,262
Effet.grap(rho)	0,481	0,654	0,575	0,495
jack.HT	0,14	0,176	0,164	0,093
jack_Biais	0	-0,001	0	0
se.jack.HT	0	0	0	0
Min.IC.jack	0,14	0,175	0,163	0,092
Max.IC.jack	0,141	0,176	0,164	0,093

TABLE 3.16 – Précision des indicateurs de bonne gouvernance pour le domaine des hommes chefs de ménage

	scola	medi	autres	volon
est.HT	0,151	0,222	0,291	0,199
SE.deg1	0,012	0,019	0,016	0,012
SE.deg2	0,011	0,013	0,015	0,015
SE.deg3	0,004	0,005	0,006	0,005
SE	0,016	0,021	0,021	0,018
CV(%)	0,103	0,096	0,072	0,089
Min.IC	0,121	0,18	0,25	0,164
Max.IC	0,182	0,264	0,332	0,234
SE.SAS	0,004	0,005	0,005	0,004
REPS	3,817	4,659	4,187	4,144
Effet.grap(rho)	0,219	0,334	0,267	0,261
jack.HT	0,152	0,223	0,292	0,199
jack_Biais	0	-0,001	-0,001	0
se.jack.HT	0	0	0	0
Min.IC.jack	0,152	0,223	0,291	0,199
Max.IC.jack	0,152	0,224	0,292	0,199

```
                    The SAS System          09:18 Tuesday, July 2, 2002   3

                    The MI Procedure

                  Model Information

        Data Set                        ZACH.ECAM_MENO
        Method                          MCMC
        Multiple Imputation Chain       Single Chain
        Initial Estimates for MCMC      EM Posterior Mode
        Start                           Starting Value
        Prior                           Jeffreys
        Number of Imputations           5
        Number of Burn-in Iterations    200
        Number of Iterations            100
        Seed for random number generator 37851


                        Missing Data Patterns

  Group  depalim   deplim   quint   deptot   consult   pharma    Freq    Percent

    1 X         X        X       X        X         X      6145    55.90
    2 X         X        X       X        X         .       469     4.27
    3 X         X        X       X        .         X      3522    32.04
    4 X         X        X       X        .         .       856     7.79

                        Missing Data Patterns

    ----------------------------------Group Means----------------------------------
  Group     depalim        deplim        quint        deptot        consult        pharma

    1        713389       1004839      3.753133       1855069          42585         94256
    2        533495        741353      3.132196       1336961          62113
    3        508459        514169      3.448609       1053241          .             30613
    4        428360        457794      3.364486        886154          .

                  EM (Posterior Mode) Estimates

  _TYPE_   _NAME_        depalim          deplim         quint          deptot         consult

  MEAN                   617854          793778       3.598799        1500591           25937
  COV      depalim  337682612246    513351888202       214468    894733787611    20766914975
  COV      deplim   513351888202  2.3582371E12         548566  3.0313069E12      89206204889

                  EM (Posterior Mode) Estimates

                       pharma

                        63022
                   22932455953
                   70511835792

                    The MI Procedure

                  EM (Posterior Mode) Estimates

  _TYPE_   _NAME_        depalim          deplim         quint          deptot         consult

  COV      quint         214468          548566       1.850414         826798           20844
  COV      deptot   894733787611  3.0313069E12         826798  4.1911546E12     132126914252
  COV      consult   20766914975    89206204889         20844   132126914252     17117835212
  COV      pharma    22932455953    70511835792         42920   132987195053      5035988647

                  EM (Posterior Mode) Estimates

                       pharma

                        42920
                  132987195053
                   5035988647
                  34506910685


                  Multiple Imputation Variance Information

                                                        Relative      Fraction
              -----------------Variance-----------------  Increase      Missing
  Variable       Between       Within       Total     DF  in Variance  Information

  consult    9348.414770      1559662     1570880  9578.2   0.007193     0.007167
  pharma     9348.427206      3142368     3153586  10583    0.003570     0.003564


                  Multiple Imputation Parameter Estimates

          Variable      Mean      Std Error    95% Confidence Limits      DF
          consult      25911    1253.347561     23453.73    28367.38    9578.2
          pharma       63049    1775.833800     59567.57    66529.50    10583

                  Multiple Imputation Parameter Estimates
                                                     t for H0:
          Variable     Minimum      Maximum      MuO    Mean=MuO   Pr > |t|

          consult       25754        26009        0       20.67     <.0001
          pharma        62950        63205        0       35.50     <.0001
```

60

BIBLIOGRAPHIE

[1] Aide de SAS version 8.

[2] Ardilly, P. (1994) *Les techniques de sondages*. Technip, Paris.

[3] Ardilly P. OSIER G. (2005) *Calcul de précision transversale dans l'enquête emploi en France*. Insee - Actes des Journées de Méthodologie Statistique.

[4] Ardilly, P. Tillé, Y. (2003)*Exercices corrigés de méthodes de sondages*. Ellipse. Paris.

[5] Bontempi G. (?) *Resampling techniques for statistical modelling*. Département d'Informatique Boulevard de Triomphe - CP 212. http ://www.ulb.ac.be/di.

[6] Carpenter J. R. Kenward, M. G. (?) *A comparison of multiple imputation and inverse probability weighting for analyses with missing data*. Medical Statistics Unit, London School of Hygiene & Tropcial Medicine.

[7] Dell, F. D'haulftoeuille, X. Février, P. Massé, e. (2005) *Mise en œuvre du calcul de variance par linéarisation*.

[8] Deville, J. C. Tillé, Y. (1998) *Unequal probability sampling without replacement trhough a splitting method*. Biometrika, 85.

[9] Dubois J.L. (1998) *Différentes approches de la pauvreté*. Contribution à la Journées des Economistes IRD dont le thème portait sur La Pauvreté, Paris.
http ://kerbabel.c3ed.uvsq.fr/_Documents/DSCW-FIC-DDS2-C3ED-JLDB-20030702-00002.doc

[10] Deuxième Enquête Camerounaise Auprès des Ménages (2001) *Evolution de la pauvreté au Cameroun entre 1996 et 2001* . INS, Yaoundé.

[11] Deuxième Enquête Camerounaise Auprès des Ménages (2001) *Documents de méthodologies*. INS, Yaoundé.

[12] Deuxième Enquête Camerounaise Auprès des Ménages (2001) *Rapport d'exécution*. INS, Yaoundé.

[13] Deuxième Enquête Camerounaise Auprès des Ménages (2001) *Résultats*. INS, Yaoundé.

[14] Enquête Démographique et Santé (2005). INS, Yaoundé.

[15] Grosbras, J. M. (1987) *Méthodes statistiques des sondages*. Economica. Paris.

[16] Hurtubise D. (2003) *Estimation de la variance dans le cadre d'enquêtes complexes liées à l'utilisation de données administratives*. Assemblée annuelle de la SSC.

[17] Enquête Démographique et Santé (2005). INS, Yaoundé.

[18] Lemeshow, S. Letenneur L. Dartigues J. F. Lafont S. Orgogozo J. M. Commenges D. (1998) *Illustration of Analysis Taking into Account Complex Survey Considerations : The Association between Wine Consumption and Dementia in the PAQUID Study.* America, Journal of Epidemiology, vol 148, N°3.

[19] Münnich R. et Rässler S. (?) *Variance Estimation under Multiple Imputation.*

[20] Verger, D. Accardo, J. Chevalier, P. Lapinte, A. (2005) *Bas revenus, consommation restreinte ou faible bien-être : les approches statistiques de la pauvreté à l'épreuve des comparaisons internationales.* Document de travail n°f0503, Direction des statistiques démographiques et sociales, INSEE.

[21] Warszawski, J. Messiah, A. Lellouch, J. Meyer, Ll. Deville, j. C. (1997) *Estimating means and percentages in a complex sampling survey : application to a french national survey on sexual behaviour (acsf).* John wiley & sons ltd, Statistics in medicine, vol. 16, 397-423.

[22] Winkler W. E. (2001) *Multi-way survey stratification and sampling.* Reaseach Report Series (Statistics #2001-01)Statistical Research Division, U.S. Bureau of the Census, Washington D.C. 20233.

TABLE DES MATIÈRES

LISTE DES TABLEAUX

 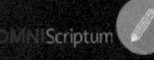

Printed by Books on Demand GmbH, Norderstedt / Germany